你就是性子太直

中　华———编著

🌊 中国纺织出版社有限公司 ｜ 国家一级出版社
全国百佳图书出版单位

内 容 提 要

本书详细阐述了性子太直的弊端和不良影响，探讨了人们如何避免因太过直率而吃亏、麻烦不断，教会直性子的人如何扬长避短，从而在生活、职场和社交中游刃有余，成为一个受欢迎的人。

图书在版编目（CIP）数据

你就是性子太直 / 中华编著.--北京：中国纺织出版社有限公司，2024.4
ISBN 978-7-5229-1449-7

Ⅰ.①你… Ⅱ.①中… Ⅲ.①人生哲学—通俗读物 Ⅳ.①B821-49

中国国家版本馆CIP数据核字（2024）第043693号

责任编辑：柳华君　　责任校对：王蕙莹　　责任印制：储志伟

中国纺织出版社有限公司出版发行
地址：北京市朝阳区百子湾东里A407号楼　邮政编码：100124
销售电话：010—67004422　传真：010—87155801
http://www.c-textilep.com
中国纺织出版社天猫旗舰店
官方微博 http://weibo.com/2119887771
天津千鹤文化传播有限公司印刷　各地新华书店经销
2024年4月第1版第1次印刷
开本：880×1230　1/32　印张：7
字数：125千字　定价：49.80元

凡购本书，如有缺页、倒页、脱页，由本社图书营销中心调换

前言

生活中,有些人吃了一辈子的亏,却不知道自己是吃亏在性格上。他们可能本事大,能力也强,但在生活和工作中不仅占不着半点便宜,反而吃尽了亏。这就是所谓的"性格决定命运",这些人就是因为性子太直而吃尽苦头。

一般而言,性子直的人说话、做事总是直来直去,看不惯的事情马上就大声议论,看到问题就立即指责。如果身边的人都了解你性子太直的性格,他们或许能够理解你、宽容你。假如别人并不了解你,他们就会因为你直来直去的性子和你发生口角、产生冲突,甚至从动口发展到动手。尤其在职场,性子太直的后果是自己在无意识中得罪人,无形中给自己带来很多麻烦。

生活中,我们经常会有这样的困扰:直性子的人明明是一番好心,却因为话语、语气问题而得罪人,委屈又无奈。性子直的人管不住嘴,容易在公众场合给人难堪,有时脱口而出的话会令人恼羞成怒,不仅对自己没有任何益处,还容易引火上身;总以为忠言逆耳,面对他人的错误就直言批评;经常在不了解的情况下,随意讨论对方的观点;常常把自己不确定的话说出口,根本不考虑这些话可能会是伤人的利器。

生活中,人们更喜欢与直率的人打交道,毕竟他们说话总是很直，从不绕弯子，有一说一，十分真挚，与这样的人交往总能让自己撤下心理防线，轻松自在地打开心扉。但是，"性子直"也常常成为人们的"免罪符"。当一个人声称"我这个人呢，说话比较直接，说句话你可别不高兴"，那么，无论这个人说的话多么难听，我们都会克制自己的怒气，给对方的不当言辞"免罪"，还自我安慰：他就是性子直，其实说这话都是为了我好。其实，生活中免不了有些人是假借"性子直"的外衣为自己的低情商打掩护。直率的人在言辞上往往喜欢直接表达自己的观点和想法，不过这种直接的表达只是对真实自我的一种吐露，便于让别人更真实地看清自己、理解自己。因此，性子直的人一般在言语上不会带有杀伤力，即便有，也在对方的可接受范围之内。但情商低的人就不一样了。这种人在说话时，焦点不在于表达自我，而是在于揭别人的短、别人的痛、别人的疤，把对方置于尴尬之地，并将自己的快乐建立在别人的尴尬之上。所以，当别人评论你"性子直"的时候，你需要审视自己，注意语言表达、行事风格，从说话做事上摆脱"低情商"，努力成为一个会说话、会办事的人。

编著者
2023年6月

目录

第01章 求同存异，懂得拐弯才是人生的大智慧 / 001

　　互惠互利的功利性友谊也必不可少 / 002
　　为人要有品，待人要真诚 / 005
　　自信，也要虚心接受别人的意见 / 007
　　送礼有度，让人际交往更文明 / 010
　　做人讲规则，更要重人情 / 013
　　求同存异，生活才会越来越顺 / 016
　　社交第一课，学会与人分享 / 019
　　别因贪小便宜吃大亏 / 022

第02章 藏锋敛锐，让自己不因性子太直吃亏 / 025

　　有些事情没必要过分关心 / 026
　　主动认错，反而容易获得谅解 / 028
　　人生中一定要找准自己的位置 / 032
　　懂得礼仪有助于成功 / 034
　　正确面对，不要苛求完美 / 037
　　即使是配角也要把舞台当成自己的主场 / 040
　　养精蓄锐，才能更近一步 / 042

第03章　心直口慢，话到嘴边请再思考三分钟　/ 047

　　说话之前一定要细心斟酌　/ 048
　　真正的会说话，是懂得适时沉默　/ 052
　　管住嘴巴，三思而后言　/ 055
　　别轻易和他人发生争执　/ 058
　　给对方留面子，人际关系才成功　/ 062
　　说话太直率，锋芒容易伤人　/ 065

第04章　谨言慎行，把握说话的分寸和行为的尺度　/ 069

　　性格直爽，不是没有心计　/ 070
　　与人相处，切莫逞口舌之快　/ 073
　　你不必理会那些捕风捉影的谣言　/ 076
　　别贬低他人来抬高自己　/ 080
　　凡事留点余地，就是最好的福气　/ 083
　　说话的分寸，就是做人的分寸　/ 086

第05章　保护自己，学会隐藏让你在社交中畅行无阻　/ 089

　　控制情绪，可以保护自己　/ 090
　　经常发脾气的人内心很脆弱　/ 093
　　哪怕心里苦，也要微笑面对　/ 096
　　掌握社交心理，留下良好的第一印象　/ 099

不做营销，却要学会推销自己 / 101

与人交往，需要多留个心眼 / 105

第06章 摆正位置，人贵在有自知之明 / 109

热爱生活是一种能力 / 110

做人，贵在有自知之明 / 113

过度称赞，让人觉得虚伪 / 116

办公室里不宜讨论的话题 / 118

做人要自信，但不要自负 / 122

别总是发不合时宜的牢骚 / 125

第07章 心怀宽容，接纳生活中的不完美和不如意 / 129

学会拒绝，不做职场烂好人 / 130

放轻松些，敏感多疑只会徒增烦恼 / 133

时间长了才能看出人心的好坏 / 136

低调做人是绝妙的明哲保身 / 139

学会低调，脚踏实地走好人生路 / 141

第08章 谨慎提防，小心那些容易把你绊倒的小石头 / 145

朋友还是敌人，基于利益 / 146

别被甜言蜜语蒙蔽了双眼 / 149

别轻视"间接人物"所发挥的作用 / 151

积蓄力量，再与人一较高下 / 154

学会沉默，把面子留给对方 / 157

感谢那些在生活和工作中"修理"你的人 / 160

宁肯得罪君子，不要得罪小人 / 163

第09章　低调行事，不要做鲁莽的出头鸟 / 167

眼光要放远，不与人争辩 / 168

兜兜转转，事情反而有意外的收获 / 170

别总是为小事情而烦忧 / 173

多交朋友，少树立敌人 / 176

看准时机亮相，一鸣惊人 / 179

好好说话，有理不在声高 / 181

懂得低头，才会有更大的成就 / 182

藏住锋芒，往往才是有真本领 / 185

决定你能走多远的是最后一张牌 / 188

第10章　做好自己，独一无二才有与众不同的精彩 / 193

停止讨好，你不可能让所有人都喜欢 / 194

生活中免不了竞争 / 197

默默努力，让别人对你刮目相看 / 200

做人，要学会适时地强硬 / 202

抹不开面子，就会失去"里子" / 205

做事畏手畏脚，才会受人欺负 / 208

参考文献 / 213

第01章

求同存异,懂得拐弯才是人生的大智慧

这个世界并没有本来的样子,它现在的样子就是它本来的样子。所以,在这个世界上生存,我们一定要有一颗灵活多变的心。每个人都有属于自己的人生,每个人的人生之路也是完全不同的。我们既然不需要和别人完全一样,也不能强求别人和我们保持一致。在重要的原则性问题上,我们当然要坚定立场;但是对于那些无关紧要的问题,我们必须学会接受不如我们意的结果。唯有如此,我们才能畅行人生。

互惠互利的功利性友谊也必不可少

很多心思纯粹的人总觉得友谊就应该是纯粹的，是毫无瑕疵的。殊不知，随着时代的发展，管鲍之交那样的友谊已经越来越少见了，更多的友谊与功利扯上关系，变了味道。纯粹的友谊固然值得我们向往，但是功利性友谊并不像我们想象中那么可怕，因为功利性友谊同样能够成就我们的人生，促使我们获得成功。功利性友谊很容易让人联想到人们彼此之间相互利用，但是与此同时，如果我们与朋友能相互帮助、彼此扶持，又何乐而不为呢？假如我们每天都为了那些毫无意义的人际关系浪费宝贵的时间和精力，我们的生活不但不会进步，反而还会退步。当然，也许有的朋友会说人是需要灵魂伴侣的，我们却要说，人的确需要灵魂伴侣，却不是每时每刻都需要灵魂伴侣。归根结底，生活离不开柴米油盐酱醋茶的烟火气，我们也必须与生活接轨才能更好地把握人生。

现实生活中有种非常奇怪的现象，那就是很多人都喜欢和能力不如自己的人交往。这到底是为什么呢？其实，人的本性是很脆弱的，人人都不想承认自己不如别人，而想在与他人的比较中占据优势。所以，我们不难理解为何有的人交往范围很小，而且交往对象仅限于不如他或者和他平起平坐的有限的几个人。这样一来，他们就能在闲来无事的时候把酒畅谈，自然心情舒畅，感到轻松自在。的确，对于没有野心的普通人而言，这样的朋友交往已经足够了，但是对于想要有所发展的人而言，这样的交往完全不足。

如今，社会上有各种各样的培训班、提升班，有些班的确是针对能力提升而开设的，有些班却是那些有野心的人拓展人脉的最佳地方。他们借助于参加各种高档培训班的机会结识公司老总等成功人士，从而见识到更多的成功途径。这样一来，他们的人生必然得到更多机遇，也拥有更多曙光。我们虽然没能在贵人得道前与他们结下深厚情谊，但在他们成功之后能与他们结识，对我们来说无疑为锦上添花。从这个角度而言，这就是我们主动发起的功利性友谊。俗话说："好风凭借力，借梯能升天"。尽管很多人都说人生没有捷径，但只要是能够让人稍微快速便捷一些获得进步的方法，也就是所谓的捷径了。细心的朋友会发现，古今中外，很多有所成就的人都是因为得到了他人的帮助，甚至是鼎力相助，才最终获得成功的。所以在功利性友谊面前，我们既要考量他人能给我们提供怎样的便利，也要考量我们能给他人提供怎样的帮助，这样才能做到互惠互利、各取所需。

当然，这并非意味着我们彻底否定纯粹的友谊。古今中外，纯粹的友谊都是人类之间最伟大的赞歌。我们既需要与灵魂之友间纯粹的友谊，也需要与带着人间烟火气息的功利性朋友之间的实用的友谊。其实，人与人之间的关系除了纯粹的精神关系之外，就是现实的关系，是相互扶持和帮助，是相互利用和支撑，是相互搀扶和不离不弃。

其实，人一般是现实而又功利的。人们一眼就能看清哪些人对自己有利、有帮助，而哪些人只能拖自己的后腿，导致自己受到牵绊。但是，人活着也不只是为了功利。更多的时候，我们要关注自己的心灵和灵魂，毕竟唯有奠定好人生的根本，才能把握好人生的方向。

美国有位大名鼎鼎的财商教育专家，他就直言不讳地告诉民众，和成功人士交朋友是非常重要的，甚至能够改变我们的生命。相似的人汇聚在一起不但会形成强大的气场影响他人，也会共享很多珍贵的资源，诸如很多有用的信息、新的思维角度、解决问题的思路和方法等。有些东西如果仅仅依靠我们自己摸索也许需要漫长的时间，但是如果得到他人的点拨，我们就能茅塞顿开，节省大量的时间和精力，这不是捷径又是什么呢？此外，与成功者交往，加入成功者的圈子，我们也会得到更多的机会，从而距离成功越来越近。所以，一个人如果想成就自己的事业，就必须意识到仅仅依靠自己的能力是不够的，必须找到能够助力我们的人，这样才能事半功倍。

为人要有品，待人要真诚

虽然说现代社会人人平等，但是这份平等或许只局限于人格和法律意义上。在生活中，人们因为辈分不同而产生长幼尊卑的序列；在职场上，人们因为官位或者职位高低，身份和地位也有很大的区别。从这个意义上来说，我们完全可以理直气壮地说人是有等级的。大多数人都无法做到完全不在乎自己的等级，平等对待他人，而且会因为自己的身份地位比他人高，就表现出高高在上的样子，甚至还有些人明明身份和地位并不高，只因当了个芝麻大的小官，就自视甚高，对他人颐指气使。其实，这完全是不应该的。一个人的高贵与否不应该与他的身份地位相关，而更多地取决于他的品质是否高尚、为人是否谦和、自身是否具有高素质和高涵养。

无疑，一个人要想获得成就、取得成功、赢得荣誉，绝不是简单的事情。然而，假如我们在获得人人羡慕的一切后又沾沾自喜，我们最终一定会惹人讨厌，甚至被人嘲笑。所谓"高处不胜寒"，就是说我们成就越大，越应该低调、谦和、内敛。唯有如此，我们才能最大限度圆满自己，获得他人的一致好评。

作为美国的第十六任总统，林肯因为杰出的贡献被纳入美国历史记载，被人民铭记在心。林肯没有接受过系统的教育，只是在边疆生活时接受过一段时间的初级教育。他也曾很长时间没有固定的职业。但是，他凭着自己的人道主义观点和深刻细致的观察力，成为美国历史上屈指可数的伟大总统之一。

林肯参与总统竞选时，与民主党人的代表、大富翁道格拉斯成为了竞争对手。道格拉斯财力雄厚，在竞选过程中一掷千金，这与出身贫民、缺乏财力的林肯简直有着天壤之别。毫无疑问，道格拉斯在竞争过程中更加占据优势，但是他最终却败给了林肯。原来，道格拉斯处处铺张浪费，而且在竞争过程中大讲排场，也不够尊重民众，所以最终反而失去民心。林肯很清楚自己与道格拉斯的差距，但是他毫不气馁，脚踏实地地做好每一件事情。他乘坐火车去美国各地，而且向民众发表了令人感动的演讲："有人问我有什么，我告诉他我除了妻子和三个儿子之外，只有一间办公室，此外一无所有。我的办公室也非常简朴，里面有一张桌子、三把椅子，还有一个硕大的书架。我也很清楚我身体并不强健，所以我只能依靠你们。"

和道格拉斯脱离群众相比，林肯始终牢牢抓住群众的心，而且发表了能够打动群众的心的演讲。林肯从未回避自己在竞选中的劣势，而是巧妙地以这一点抓住了人民群众的心，从而为自己争取到更多的选票。

生活中，很少有人喜欢那些高高在上的人，相反，人们更喜欢朴素踏实，而且与自己来自同一阵营的人。一个人就算有功绩，但是他如果不能摆正自己的位置，也招人生厌。所以，朋友们，不管我们身份多么尊贵、地位多么高，都不要随意摆起"架子"。因为一旦你摆起"架子"，你非但无法把自己衬托得更高，反而会失去身边人的支持。就像鲜花不离开泥土和阳光一样，我们要想有所成就，也离不开人民群众的支持。我们要想做成一件事情，就必须降低姿态，让自己谦虚有礼，才能以尊重赢得他人的尊重，让自己的人生画卷更好地铺开。当我们位高而不自傲，更好地与身边的人打成一片时，我们一定会拥有好人缘，处处受人欢迎的。

自信，也要虚心接受别人的意见

一个人要想获得成功，必不可少的品质就是自信。因为一个人如果连自己都不相信自己，就更不能指望别人相信他，也不能指望他能实现自己的梦想，成就自己的人生。所以，一个人不管能力怎么样都必须对自己信心十足，这样才能在人生中展翅翱翔。

毋庸置疑，自信具有超强的能量，能够帮助我们把握自身的命运，实现自身的理想，在人生的道路上如同巨轮扬帆起航。但是，凡事皆有度，假如我们因为过于自信而高估了自己的能力，以致失去了自知之明，那么最终的结果一定会很难堪。

自信的人也要从谏如流。很多自信的人自信过头，变成了自负，总是对他人的一切都保持怀疑和否定的态度，唯独相信自己。朋友们，我们当然可以自信，但是要把握好分寸，虚心接受他人的意见和建议，从谏如流，让我们的人生更加顺遂如意。否则，如果我们一次又一次拒绝朋友的好心劝谏，以高高在上的姿态使得朋友对我们心生嫌隙，那么最终我们的结局会很不乐观，甚至还会变成孤家寡人，再也没有人愿意围绕在我们的身边。不得不说，这样的结局是每个人都不想看到的，所以我们要未雨绸缪，防患于未然，才能最大限度经营好人脉，维持与他人的友好交往。

现实生活中不乏自我感觉良好的人。他们总是自视甚高，觉得自己不管是智商、能力还是情商都比他人要高出很多。在这种情况下，他们始终认为自己是对的，而其他人不管说什么都是错的，都不如他高明。殊不知，"智者千虑，必有一失；愚者千虑，必有一得。"任何时候，我们都必须积极主动地参考他人的意见，哪怕不全盘接纳，至少也要适当参考，这样才能有效弥补我们思想的局限和不足。

大学毕业后，斯通不想和大多数同学一样四处奔波找工作，又因为他特别喜欢吃火锅，所以他决定开一家火锅店。他去和父母商量，而父母经济能力不错，答应赞助他。母亲还好心好意地提醒斯通："你舅舅以前干过餐饮，你可以抽空问问他的意见，他的经验还是比较丰富的。"斯通暗暗想：舅舅干餐饮都是10年前的事情了，现在是网络时代，什么网上订餐之类的他肯定连听都没听说过。我还是按照我自己的思路来吧！就这样，斯通拿着父母给的启动资金，很快就在一条比较繁华但是没有饭店的街道上租下了一间门面房。经过两个多月的筹备后，斯通的火锅店热闹地开张了。但是，斯通原本以为自己的店面在繁华而缺少饭店的街道上，应该生意火爆才对，最终却发现开业之后生意冷清。苦苦支撑了几个月，斯通赔了很多钱，直到母亲为他请来舅舅，舅舅才一语道破天机："地段选错了。你选的这个店址地处繁华是不错，人流量也很大，但是交通不便，不好停车，最重要的这条街道上根本没有其他饭店，人们当然不会来。"斯通纳闷地说："但是，我觉得饭店少好啊，这样竞争才少。"舅舅笑着说："开饭店，一定要在饭店密集的地方开。毕竟，人们不会喜欢每天都吃同样的饭菜，去饭店密集的地方，人们才可以方便地改变选择，品尝新的口味。"舅舅的话使斯通恍然大悟，他只能等到房租到期的时候再另选好的地段了。

对于妈妈的建议，大学毕业的斯通自以为是新时代的知识青年，根本不愿意考虑。而对于开过饭店的舅舅，斯通也并不觉得他有多少经验值得自己学习。不得不说，斯通是过于自信且有些自负的，他如此轻易地涉足餐饮业，而且丝毫没有四处取经的意识，所以最终才会接连亏损，陷入尴尬的境地。

任何时候，一个人都不能完全保证自己的意见、观点和所作所为是正确的。同样，我们也没有理由全盘否定他人对我们提出的意见和建议。我们唯有适度自信，学会参考他人的想法，才能让自己的思想不再局限，也扫除掉盲点，从而尽量做出明智理性的决定。

送礼有度，让人际交往更文明

中国社会历来讲究礼尚往来，因而不管是有求于人，还是时逢佳节，彼此有交往的人之间总是相互送礼，表达自己与对方的深情厚谊。然而，随着时代的发展，很多传统的习惯被颠覆，有些人觉得送礼纯粹是一种形式，根本不能代表任何真情实意。渐渐地，很多年轻人打破传统，不再坚持礼尚往来。其实，这种观点是错误的。虽然送礼未必能够表达真情实意，但是不送礼就能表达真情实意了吗？不然。不送礼，就会导致连最简单的情谊都表达乏力。

现实生活中，送礼最常见的情形是在有求于人的时候。古人云："衣人之衣者，怀人之忧。"这句话告诉我们，一个人如果穿着别人送给他的衣服，就要为别人分担忧愁。引申之后，我们不妨将其解释为，一个人如果收取了他人的礼物，就必须为他人办事或者消除忧愁。中国是个有着几千年文化的古国，送礼的风俗更是由来已久。从古至今，不管人们是否心甘情愿，求人办事和送礼都是密不可分的。甚至有时通过送礼来拉拢关系，求人办事的做法已越过了法律的底线。热播的电视剧《人民的名义》中，那些高官贪污的金钱数目之大，简直令人咋舌。应该说，官场收贿受贿送礼的歪风邪气严重影响了社会风气，并不是值得留存和发扬的优秀传统文化，主动抵制和依法惩治有利于保持我们社会的风清气正。

然而另一方面，送礼的习俗本身并没有错。假如脱离了功利，送礼的确能够很好地拉近人们之间的关系，加深人们之间的感情，成为人际交往的润滑剂。每个人都希望得到他人的认可和赏识，假如我们能够先以礼物给予他人这种精神和心理上的满足感，他人一定会非常感谢我们。由此一来，他们怎么会不投桃报李呢？所以，我们要想建立和谐的人际关系，可以从送礼开始做起，首先对他人抛出橄榄枝。常言道："礼多人不怪"，这里的"礼"既指的是礼貌，也是礼物。尤其是在我们有求于人的时候，多多送礼，自然能够得到他人的倾力回报。

刘伟大学毕业后，去了美国留学。在繁华的纽约街头，她最理想的栖息之地就是学生宿舍。毕竟学生宿舍价格便宜，条件也不错，而且位于校园里面，学习和生活都很方便。但是，她刚刚入学时，宿舍管理人员告诉她要一两年之后才可能有空余房间。刘伟暗暗想：一两年之后，等有了宿舍，我也差不多毕业了。为此，她费了九牛二虎之力，好不容易才在学校旁边租了一个小小的单间，勉强容身。但是，不到两个月，刘伟就惊讶地发现，和她同时来学校的同班同学玛丽顺利地拿到了宿舍钥匙。刘伟感到很纳闷：宿舍管理员不是说要等一两年才能有空余房间吗？

刘伟不知所以，又心有不甘，因而她有意识地接近玛丽，渐渐地和玛丽成了无话不说的好朋友。有一天，刘伟佯装什么也不知情的样子，问玛丽如何才能申请住进宿舍。玛丽高深莫测地告诉刘伟："其实，宿舍管理员很喜欢你们中国的一些东西，诸如旗袍、中国结，还有你们中国的茶叶。"刘伟恍然大悟，赶紧打电话回家让爸爸妈妈寄了很多中国特色的礼品和食品给她，再把这些东西投其所好地送给宿舍管理员。果然，才过了一个星期，宿舍管理员就打电话给刘伟，告诉她现在有空余宿舍了。刘伟不由得感慨万千。

人在异乡为异客，尤其是年纪还比较小的留学生，离开父母的照顾来到遥远的国度，更是孤立无援。幸好刘伟还算聪明，知道向玛丽打听消息，寻找捷径。就这样，她用一些中国的礼品和食物就得到了很多人梦寐以求的宿舍，可谓四两拨千斤。这就是礼物与回报之间的神奇比例。

人们常说："有理走遍天下，无理寸步难行。"的确，人们不但无理寸步难行，而且"无礼"寸步难行。人生在世，我们必须懂得人情世故，也要知道如何利用礼物拉近我们与他人之间的心理距离，从而让他人能更愿意满足我们的需求。现代社会处处讲理，也处处"讲礼"。我们必须把理和礼都做好，才能在现实生活中游刃有余。

做人讲规则，更要重人情

如今是法治时代，法律的发展越来越完备。然而，法不外乎人情，在很多年轻人都把法律挂在嘴边的今天，我们依然要讲究情义，才能做好人和事。举个例子，这个社会上的法律和道德都是制约人的，都是"方"的。然而，如果放眼望去全都是"方"，这个世界也未免太枯燥了，而且随处可见的"方"会把社会变得冷漠无情。这个社会不但要有"方"，也要有"圆"。唯有如此，才能灵活变通，让一切都变得富有生机和活力。

现实生活中，不乏有些人的思维僵硬守旧，过于墨守成规。他们性格耿直、思想僵硬、义正词严，绝不因为任何问题放弃自己的原则。他们非常看重礼仪形式，最终导致本末倒置，变得越来越僵硬和刻板。对于这样的人，生活是很残酷的，不时地惩罚他们的不知变通和思想守旧。所以，朋友们，如今的时代发展日新月异，我们也要与时俱进，才能兼顾规则和情义，也给自己的人生一个更圆满的答案。

亨利是一家公司的执行董事。一直以来，他都坚持从严治理公司的原则，一则是让下属有所敬畏，二则也是为了对董事会负责。

有段时间，跟随亨利很久的经理约翰开始酗酒。在亨利好几次说服自己原谅约翰之后，约翰居然在工作日午餐的时候喝多了，还在办公室里"大闹天宫"。按照公司规定，不管是工作日午餐喝酒，还是扰乱办公室秩序，约翰都够格被开除了。当秘书把约翰的行为表现汇报给亨利时，亨利虽然很犹豫，最终还是做出了开除约翰的决定。

约翰对此无法接受，因而找到亨利。这时的约翰是清醒的，所以当亨利说清楚辞退他的理由时，他黯然离开了。没过多久，亨利从其他人口中得知原来约翰的妻子在生产小女儿的时候去世了，为此约翰深受打击。最糟糕的是，他还要独自承担起抚养小女儿和一双稍长子女的责任。因为母亲突然去世，他的儿子变得郁郁寡欢，也许患上了严重的抑郁症。此外，约翰还要负责赡养妻子年迈的双亲和自己的父母。为此，他不堪重负，彻底崩溃。得知事情的原委后，亨利不由得开始为约翰担忧起来：如今约翰又失去工作，岂不是雪上加霜吗？

思来想去，亨利给约翰送去一笔钱，又对约翰说："先陪陪孩子，工作会有的。我保证。"约翰感动地说："不要为了我破坏公司的规矩。我会想办法渡过难关的。"后来，亨利把约翰安排到自己的私人牧场当了管家，这样他既坚持了原则，又帮助老下属渡过了人生的困境。

任何规则都要建立在人情之上,任何规则如果不讲人情,就会变成冷血的禁锢。然而,为了把企业管理好,让企业有秩序可言、有规则可循,亨利又必须坚持原则。最终,他想出了一个两全其美的好办法,那就是自己掏钱帮助约翰,再把约翰安排到自己能力所及的其他工作岗位上,助其渡过难关。由此一来,亨利自然做得两全其美。

不管是在生活中还是在工作中,我们都要学会变通。唯有思想灵活、随机应变,具体问题具体分析和对待,我们才能让自己游刃有余、进退自如,也才能与他人建立和谐友好的关系。否则,我们过于分明的棱角就会伤害他人,使他人对我们心生嫌隙。朋友们,我们必须记住,规矩是死的,人却是活的,我们适当的变通就能圆满解决问题,何乐而不为呢?

在这个世界上,唯一不变的就是改变。任何时候,万事万物都处于改变之中,我们唯有与时俱进,才能做到顺势而为。现实生活中总有人与失败结缘,这并非他们能力不足,而是因为他们冥顽不化,堵住了自己的出路和退路。作为现代人,朋友们,我们必须重规则、讲情义,唯有两者兼顾才能得到最好的结果。

求同存异，生活才会越来越顺

常言道："物以类聚，人以群分。"《太子少傅箴》有言："近朱者赤，近墨者黑。"毫无疑问，性情相近的人之间总是相互吸引，这是人之常情。通常情况下，即使一个人再完美，也无法得到所有人的认可和满意，更无法和所有人成为亲密无间的好朋友。这是因为人们之间总是有不同的，我们之所以可以学着和性格不同的人相处，是因为我们和他们之间能够求同存异，因而更好地融合。尤其是在现代职场，很多人都在抱怨和同级或上下级同事相处困难，殊不知，没有人的身边都是自己喜欢的人，我们每个人都要面对不同的人。既然注定我们无论走到哪里都无法避开那些我们不喜欢的人，我们为何不学着宽容一些，和他们更好地相处呢？

世界不是由我们的眼睛和心灵决定的。人生不如意十之八九，任何情况下，我们都必须接受那些不如意，或者那些我们打心底里不喜欢的人和事。我们是人，而不是无所不能的神仙，所以我们无法随心所欲地改变这个世界或者任何人。我们与其花费宝贵的时间抱怨那些惹我们生厌的人，不如调整自己的心态，让自己变得更加宽容理性，也睿智地认清生活的本质。

一个真正的人际交往高手并非是与自己喜欢的人搞好关系，而是能够与自己不喜欢甚至是厌恶的人和谐相处。当我们抱怨对方让我们难受的时候，我们应该想到对方也许正在容忍我们，强忍着才没有抱怨我们同样使他们难受。所以，设身处地地为他人着想是我们与自己不喜欢的人友好相处的第一步。

  上海人西西出身在知识分子家庭，在无忧无虑之中度过童年时光。在父母的安排下，她一帆风顺地读书、工作，从未遭遇过任何挫折。如今，她是一家时尚杂志的编辑，也已经与她的初恋情人——她的大学同学结婚了。她的婚姻生活幸福美满，丈夫也对她疼爱有加。

  近来，西西所在的办公室里调来一个编辑小王。这个编辑据说来自西北，而且已经离婚，甩掉了在西北的妻子，如今正在和主编的侄女谈恋爱。向来爱情至上的西西一直不喜欢这种功利心强的人，更何况这个男人还为了自己的前途抛弃妻子呢！所以，西西对小王始终心怀芥蒂，在办公室里很少与小王说话。这个星期，主编安排小王跟着西西学习如何做时尚新闻，西西虽然无法拒绝，但是整个人却变得闷闷不乐。她甚至觉得与这种"渣男"合作会把自己都玷污了。经过一天的勉强相处，西西下班回到家里依然愁眉苦脸。丈夫不知道西西怎么了，在问清楚事情缘由之后，他不由得捧腹大笑："你这个傻丫头，人家离婚还是和主编的侄女谈恋爱，关你什么事情啊！而且，他的经历也许并非如你所想的那样，毕竟夫妻间的事情外人是看不懂的。我觉得对你没有任何影响啊，你只要把他当成一个普通同事就好，又何必强求人家尽善尽美呢！"次日，西西和小王一起完成了头天的采访稿。也许是因为受到丈夫的影响，她发现小王真的很有才华，而且工作勤奋，是个才子。在他们的稿件得到主编赞赏之后，西西反省自己，认为自己的确失之偏颇。她决定以后就把小王当成普通同事，而且也提醒自己不要再站在道德的制高点煞有介事地指责他人。后来，西西与小王成为非常默契的好搭档，为社里提供了很多高质量的稿件。

为人在世，不可能处处顺心如意。尤其是对于身边的人，我们或者接受，或者只能逃避。显而易见，逃避不是办法，因为逃得了一时却逃不了一世。其实，每个人都是有优点和缺点的，我们根本不可能做到十全十美、无懈可击。虽然"己所不欲，勿施于人"，但在这种情况下，我们必须把握好合适的度，千万不要自以为是地指责他人。

职场上，很多心思纯粹的朋友不喜欢委屈自己，而且凡事都看不顺眼。实际上，除非你自己开公司，否则你根本没有权力决定公司里有谁没谁。退一步而言，就算我们自己开公司，也不可能完全凭着自身的喜好决定是否聘用他人。归根结底，我们只有调整好心态，才能更好地面对这个不那么顺眼的世界。

社交第一课，学会与人分享

如今的小朋友，因为很多都是独生子女，所以他们中越来越多的人变得很"独"。这种"独"指的是他们独自玩耍、独自吃饭、独自看书、独自出行，哪怕是与幼儿园里的其他小朋友或者学校的其他同学共处时，他们也总是形影自守，不愿意更多地与他人交流。长此以往，他们也变得非常吝啬，拒绝分享。举个最简单的例子，对于"421家庭"，即四个老人和两个父母一起看守着一个孩子的家庭而言，必然有什么好吃的好喝的都会给孩子吃。这是父辈和祖辈对于孩子的爱，但是这却渐渐使孩子养成了独享的习惯。从幼儿园到小学、初中，乃至长大之后走入社会，他们依然表现出吝啬的特点，不愿意与他人分享。长此以往，他们与他人之间必然形成坚固的壁垒，无法与他人更好地交流和相处。

人与人之间一切的感受和体验都是相互的。当我们慷慨大方地与他人分享，他人也必然慷慨大方地对待我们；在我们主动帮助他人一次之后，他人看到我们遇到危难情况，也会毫不犹豫地伸出援手。这样一来，我们与他人的关系怎能不亲密友好呢？反过来说，假如我们始终不愿对他人伸出援手，眼睁睁地看着他人在苦海中挣扎，那么等到我们需要帮助的时候，他人也必然不愿意帮助我们，由此导致我们与他人之间的壁垒越来越坚固。

其实，不仅仅娇生惯养的独生子女喜欢独享，很多成人也有吝啬的坏习惯。从本质上来说，吝啬不仅是一种坏习惯，而且是一种非常不好的心态。吝啬的人不但在财物上非常抠门，在情感方面也很不愿意付出。自古以来就有很多形容吝啬的词语，诸如"一毛不拔""铁公鸡""爱财如命"等。当然，这些词语大多数都是用来形容人在财物方面吝啬的。人在感情上的吝啬更容易伤害人际关系，导致人们成为无人愿意帮助的"孤家寡人"。总而言之，不管是在感情方面还是在财物方面，吝啬都是不好的，我们唯有学会分享，才能让人生豁然开朗。

当然，吝啬并非是与生俱来的。婴儿呱呱坠地的时候，根本不知道吝啬是什么意思。随着他们渐渐成长，如果父母不能有意识地帮助他们变得慷慨大方，培养他们分享的观念和习惯，他们就会渐渐养成吝啬的坏习惯。每个人要想不断地生存发展，就必须拥有一定的物质基础，然而满足人的基本需求只需要很少的物质资源，更多的时候，人们吝啬完全是因为贪婪。由此可见，要想戒掉吝啬的坏毛病，我们就必须让自己变得知足，这样我们不但能够知足常乐，也能不再吝啬。

在社会交往中，吝啬、不懂得分享，是人际交往的最大障碍之一。心理学上有个名词叫做"互惠心理"，意思是说人们彼此之间总是相互扶持和照顾，所以才能更加深入地交往，感情也变得深厚。但是一旦吝啬，互惠心理就会受到伤害，人们也就不愿意再相互付出和支撑了。

很久以前，有个年轻人梦想着开一家属于自己的公司。但是，他此时此刻还只是个打工仔，根本没有足够的财力开公司。他就算拿出所有的积蓄，再借遍亲戚朋友，也无法成功创办公司。思来想去，他想到自己有个在银行里工作的同学也许能够帮助自己。但是，他已经很久没有与这个同学联系了，他完全没把握同学会不会帮自己的忙。经过深思熟虑，他决定改变策略，先从与同学套近乎和加深交往做起。这个周末，他拿出一部分钱，特意去请同学吃饭叙旧，还邀请了其他几个关系不错的同事朋友。如此坚持了一段时间之后，在又一次与同学朋友聚会时，他无奈地说出自己的理想，那个在银行的同学马上说："去银行贷款啊，现在贷款很容易，只要条件满足就行，我还能帮助你申请利息折扣呢！"

后来，在场的每个人都非常热心地为年轻人出谋划策，还有几个朋友主动提出要把自己的积蓄拿出来给年轻人用，作为股份！就这样，年轻人很快就筹集到足够的资金，不但公司顺利开业，而且那些入了股的朋友同学，都竭尽全力地帮助他，他的公司很快就步入正轨了。

很多时候，我们都会面临窘境，要想得到机会，不能被动等待。要知道，机会是我们争取来的，而不是平白无故从天而降的。就像事例中的年轻人，原本为了创业之初的资金发愁，如今却顺利解决问题，而且也开启了人生新篇章。难道我们能说他是因为运气好吗？其实不然。他之所以如此好运，是因为他始终都在不遗余力地为自己争取机会。

朋友们，任何时候都不要吝啬，因为友谊之花是需要我们用心浇灌和栽培的。人们常说，一分耕耘，一分收获；我们要说，一份分享，一份得到。在与朋友相处时，我们还要注意千万不要与朋友斤斤计较。毕竟，感情才是最重要的，如果因为过度计较而导致人际关系恶化，那么我们一定会得不偿失。所以，聪明理智的朋友们，一定要做出最佳的选择啊！

别因贪小便宜吃大亏

人的本性就是贪婪的，所以很多朋友在生活中才会贪心不足蛇吞象。殊不知，贪婪的欲望就像无底的深渊，总是让我们越陷越深，无法自拔。要想克制贪婪，我们就必须学会克服自己的贪婪之心，让自己不要欲求太多。

常言道："破财免灾"。这句话被很多人当作为人处世的至理名言，的确有其道理。反过来说，贪财招灾，则一定会给每个人都敲响警钟。尽管人们常说天下没有免费的午餐，天上也不会突然掉馅饼，但是不可否认，我们经常在生活中面对利益的诱惑。利益越大，给我们的诱惑也就越大，这时我们千万不要喜不自胜，因为巨大的利益背后必然有巨大的陷阱，很有可能稍不留神我们就会掉入陷阱，追悔莫及。遗憾的是，虽然的确有很少一部分朋友能够在利益面前止步，但是大多数朋友在利益面前依然会忘乎所以，而且恨不得占尽所有的便宜。等到最终发现掉入陷阱时，他们虽然后悔不已，却为时晚矣。

菁菁大学毕业后回到家乡当了一名老师。后来，她在网上认识了一位男士，对方说自己在南方的城市生活，专门贩卖海鲜。起初，菁菁对这个男士并不在意，不过这位男士正在闹离婚，还有意追求菁菁。后来菁菁回家和父母说起此事，当时父母正着急盖房子，虽然已经打好了地基，但是手里也只剩下了几万块钱，不够继续建造，所以就此耽搁下来。思来想去，父母决定支持菁菁和这位男士交往，因为他们都知道贩卖海鲜很挣钱，他们也愿意跟着这位男士一起贩卖海鲜，这样家里盖房子的事情就有指望了。有一次，妈妈问菁菁是否真的喜欢这位男士，菁菁说："说不上喜欢不喜欢，见面了也觉得高兴，不见面的话也不想念。"

后来有一次，这位男士又去菁菁家所在的小县城进购海鲜。因为他此前无意间曾经听到菁菁说家里盖房急需用钱，所以他主动提出向菁菁的父母借5万元，等到短期周转之后还来10万元以资盖房之用。为此，菁菁父母心动了，在没有菁菁在场的情况下，就把钱给了这个男士。然而借钱之后这位男士只来过两次，就杳无踪迹了。后来，菁菁爸爸寻死觅活地非说是被菁菁骗了，菁菁被爸爸闹腾烦了，也反唇相讥："你作为父亲居然想卖掉女儿换钱盖房子，钱是我借给人家的吗？"此后很长一段时间，菁菁家里失去了所有积蓄，不但日子过得很艰难，还经常吵架。

一个相处不久的陌生人答应要拿钱给家里盖房子，就算菁菁没有警惕心理，父母也应该有足够的警惕。人们常说不见兔子不撒鹰，他们却不见兔子也撒鹰，最终"鹰"丢了，"兔子"也没抓到。不得不说，这件事情谁都有错，一则是全家人不够警惕，二则是菁菁的父母贪图男士空许的钱财。这件事情，全家人都应该吸取教训，尤其是菁菁的父母，更要深刻反思自己，才能避免在未来的人生道路上再次上当受骗。

对于嗜酒者而言，诱惑就像是陈年美酒，使他们无法抗拒；对于爱美的女孩而言，诱惑就像是美丽的高档时装，让她们一眼看去再也无法挪开眼睛。然而，这个世界上真的没有免费的午餐，也不会无缘无故地掉馅饼。在任何不劳而获的好事面前，我们都必须提高警惕，坚持不占任何便宜的原则，这样就算遭遇骗局，也能顺利避开。

第02章

藏锋敛锐,让自己不因性子太直吃亏

现实社会中,很多人都太天真,他们性格直率、率性而为,从来不因任何原因委屈自己,更不可能忍辱负重、委曲求全。在这种情况下,他们也面临着困惑,即这个社会与他们所期待的样子有太大的不同。一时之间,他们无法从幻想回到现实,最终也就不可能为自己准确定位。他们总是活在自己的世界里,沉溺于浪漫和憧憬,因而导致他们的人生处处碰壁。所以性子太直不一定是好事,很多时候人们喜欢感情用事,吃亏的也只能是自己。

有些事情没必要过分关心

在办公室有个禁忌，那就是谈论别人的隐私。毋庸置疑，一个总是喜欢打探他人隐私，而且如同大喇叭一样四处散播他人隐私的人，总是招人讨厌，无法得到他人的认可和喜爱。遗憾的是，有些人总是特别喜欢关注他人的隐私。就像很多狗仔记者总是咬着那些公众人物的隐私不放一样，这些人也喜欢打探隐私并四处散播。如此一来，他们就成了"移动的花边小报"。除此之外，他们口耳相传的消息与报纸上真凭实据的不同，是无据可查的；而且消息一旦经过多人传播就会完全变样。可想而知，隐私几经辗转，成为他人的话柄时，自然就会变质，成为谣言。

现代职场，最忌讳的事情就是不尊重他人的隐私，随意传播谣言。我们要想在职场中站稳脚跟，必须管好自己的嘴巴，绝不传播流言蜚语。虽然俗话说"谁人背后无人说，谁人背后不说人"，但假如我们能够像爱惜自己的眼睛一样爱惜自己的名誉，爱惜他人的名誉，那么就能让自己成为谣言的终止者，使谣言在我们这里停止。

小张和小李是已经共事多年的好同事和好姐妹。每当她们其中一人遇到为难的事情，另外一个人就会毫不迟疑地给予帮助和陪伴，整个公司都知道她们好得如同一个人一样。

这段时间，小张因为感情的问题非常苦恼，虽然她从未告诉小李原因，但是小李感受到她的郁郁寡欢，总是贴心地安慰她。由此，这个周末，小李特意邀请小张去吃小龙虾，喝啤酒。郁郁寡欢的小张喝多了酒之后，情不自禁地说出了自己心底的秘密。原来，小张是个"第三者"，她爱上了有妇之夫，如此拖延了好几年，但是却始终无法和对方结婚。虽然小醉微醺，但是小张还是很清醒的，她一时冲动说完之后又后悔了，因而再三叮嘱小李一定要为她保密。出乎小张的意料，没过几个月，整个公司里的人都知道了她是"小三"。有一次，小张和一个同事发生争执，那个同事居然直接以小张是"小三"为由挖苦讽刺小张。最终，小张不得不选择辞职，而她与小李之间的交情也彻底结束。

心理学家经过研究证实，一个人如果过于关注他人的隐私，那么他在人际交往中就会不受欢迎。长此以往，他身边的朋友也会越来越少，最终变成孤家寡人。还需要注意的是，职场上同事、上下级之间的关系是非常微妙的。任何情况下，我们都不能在办公场合谈论别人的隐私。当然，在私底下最好也不要谈论他人的隐私。此外还要注意，正所谓"距离产生美"，我们在与他人交往的时候还要保持适度的距离。唯有如此，我们才能最大限度保护别人和自己的隐私，不至于因为关系太过亲密而彼此伤害。

真正明智的人从不会对他人的隐私抱有强烈的好奇心。要知道，每个人都是一个独立的个体，都不可能与他人之间做到绝对的相互理解和体贴。在这种情况下，我们必须给他人留下一定的空间，让他人能自由呼吸。就算是亲密无间的夫妻、亲人之间，也不一定要毫无保留地袒露自己。距离不但产生美，也能够避免产生误解，因而我们必须学会与他人保持合适的距离相处。

天下之大，供我们交流的话题有很多，我们完全没有必要非要说他人的隐私。诸如天气、旅行、世界新闻、国内的重要大事等，都是很好的交流和搭讪话题。熟悉的人之间，还可以说些更加贴心的话，这样也有利于拉近关系、促进感情。朋友们，我们必须控制住自己的好奇心，绝不要对他人的隐私过于关注。有的时候，事不关己，高高挂起，是很明智的处世哲学。

主动认错，反而容易获得谅解

现实生活中，每个人都渴望得到他人的认可和赞许，很少有人愿意被他人批评或者指责。正所谓"良药苦口，忠言逆耳"，我们一则要理性对待他人挑剔苛责的话，二则也要摆正自己的心态，勇敢面对和承认错误，才能博得他人的理解和原谅。

人非圣贤，孰能无过。犯了错误并不可怕，最可怕的是犯了错误之后，为了避免被责怪，处处推脱责任，导致自己变得畏缩怯懦。殊不知，犯错之后逃避错误、拒不认账，不但无法帮助我们保全颜面，反而会使我们失去面子，同时也会失去从错误中学习成长的机会。这个世界上没有后悔药，任何时候我们一旦犯错，就只能勇敢面对和承认错误，承担起损失，才不至于给人留下胆小怯懦的恶劣印象，才能从错误中汲取经验和教训，才能让我们的人生变得更加有光彩。

可以说，犯错是人成长历程中必须经历的事情。毋庸置疑，一个人即使能力再强，再聪明能干，也难免会犯错误。假如我们能够正视错误，就能从错误中汲取经验教训，让自己更加快速地进步。相反，假如我们自欺欺人，自以为回避错误就能抹除错误的存在，那么我们必然会遭受更大的损失，也无法取得进步，甚至由此变得内心软弱，导致人生停滞不前。此外，从人际关系的角度而言，积极主动承认错误、勇敢地承担起责任的人更能够得到他人的赞赏，也能博得他人的谅解。有经验的管理者在招聘人才的时候，都不会挑选那些从未犯过错误、履历看似完美的人。他们在遇到人生看似一帆风顺的人才时，难免会心生疑虑，因为一个人从未犯过错误，总归不是一件使人放心的事情。

不久前,小猫成为了一家淘宝店的客服,原本她以为很简单的工作却使她倍感吃力。原来,小猫是个直脾气,生活中说起话来总是直来直去。这样的性格也许能够得到朋友的喜爱,但是对网络上素未谋面的消费者来说就显得不那么得当了。

这天,小猫遇到一位消费者反映他们漏发了商品。小猫所在的店铺主要经营零碎物件,因而漏发商品也是很常见的。为此,小猫第一时间说:"很抱歉,麻烦您确认下真的是我们漏发了吗?"看到这句话,电脑那端的消费者很不高兴,马上回复:"难道你觉得我会浪费宝贵的时间在这里和你掰扯,只是为了私吞你一支价值一块多的笔吗?"小猫马上又问:"您可以申请退款吗?"消费者回答:"这些东西是孩子挑选的,我问问孩子是否愿意。"很快,消费者给小猫回复:"孩子还是想要那个东西,您补发吧。"消费者当然也很清楚,小猫补发一个小小的东西,最低成本也要6块钱。因此,过了没多久,消费者又改变主意说:"要是您适度赔偿,不用补发也可以。"不想,小猫却不高兴了:"赔偿什么?您的精神损失费吗?"这句话使消费者勃然大怒。消费者怒气冲冲地质疑小猫:"你这是什么意思?就你卖的这些破烂玩意儿,能引起我的精神损失吗?你这是什么客服,你是来给老板拆台的吧。我每个月在淘宝购买上百单,难道你这支不值钱的笔就值得我和你掰扯吗？从始至终，你都没有承认自己的错误，你真是个不称职的淘宝客服！"

原本这件事情很容易解决，不想最终却以小猫被投诉到淘宝平台为结局，她作为卖家受到了严肃批评。正是因为小猫从始至终不愿向消费者承认错误，才会导致消费者对她根本不买账。

面对一个推脱责任的人，我们很难真正喜欢。任何时候，我们都必须非常认真地反思自己，主动从自身找到问题的根源，这样才能最大限度改进自己，赢得对方的理解和原谅。否则，如果我们明明知道自己有错却强词夺理，没有人会愿意原谅我们。

有的时候，我们根本瞒不住我们犯下的错误。面对这样的错误，"此地无银三百两"的狡辩只会让人心生嫌恶和鄙视。对于证据确凿的错误，我们要主动承担责任；对于尚可掩饰的错误，假如我们心知肚明是自己的错，与其狡辩，不如主动认错，这样反而能够彰显出勇敢者的风姿。要知道，事实胜于雄辩，一个人哪怕口才再好，如果不能积极主动地承认错误，也会遭人鄙视。对于那些主动承认错误的人，人们往往更加宽容。因此，聪明的朋友们，面对自己的错误，你们一定知道应该怎么做了吧，放心吧，主动认错的结果会比我们想象的更好。

人生中一定要找准自己的位置

现代社会，太多的年轻人好高骛远，尤其是刚刚走出大学校园的毕业生，更是意气风发、妄自尊大，他们自以为学习了那么长时间，还在大学校园中历练一番，如今已经成为了不起的人才，甚至觉得没有什么事情是他们做不了的、承担不了的。在这种观念的影响下，他们总是眼高手低，虽然着眼点很高，但是做事情却缺乏定力，没能脚踏实地地锻炼自己的实力，导致白白浪费了宝贵的光阴，最终一事无成。

在现实生活中，很多年轻人都缺乏理想，他们为了得到高薪而努力工作，却从不认真规划自己的人生。假如他们认为自己的付出和收获不成正比，他们就会消极怠工，当一天和尚撞一天钟，最终非但没有把工作作为自己毕生的事业，还会被公司淘汰，或者得不到好的发展机会，最终使人生的发展受到限制，再也无法顺遂如意地实现自己的伟大抱负。

人们常说："一分付出一分回报。"然而，现实是残酷的，很多时候我们即使付出了，也未必能够得到回报。为此，很多朋友选择不再付出。结果怎么样呢？他们非但没有赢得人生的更多机会，反而因为故步自封导致人生止步不前。虽然有付出没有回报使人感到遗憾，但是我们依然要付出，因为如果不付出，那么任何得到回报的可能性都将消失。所以，任何明智的人都必须在人生之中找准位置，才能让人生获得循序渐进的发展。尤其是现代职场中的年轻人，如果缺乏经验，资历不够，就必须更加努力地对待工作，竭力提高自身的能力，搞好人际关系。倘若不能正确认识自己的位置，这些年轻人就难免会得罪同事，得不到领导的赏识，也就无法做好工作中的每一件事情。由此可见，准确给自己定位是至关重要的。

只有中专学历的宋丽，人到中年时下岗了。再找工作的时候，她看到很多岗位都要求应聘者年龄在35岁之下，不由得暗自发愁。她已经40岁了，如何才能找到一份合适的好工作呢？足足两个多月过去，宋丽才找到一份库管的工作，虽然工作清闲，但是工资很低。不过，宋丽对能找到工作已经很满足了，因此特别珍惜这个来之不易的机会。

第一天上班，她虽然只需要熟悉工作，但是却整整一天都没闲着。尽管还没有到年终，也不需要盘点仓库，但是宋丽还是主动把仓库里的所有存货都进行了盘点。而且，她一边统计存货，一边重新整理货架。就这样，她足足用了一个星期的时间，把仓库变得秩序井然、焕然一新。在库房工作一年多之后，宋丽因为做事认真细致、服务态度好，被破格提拔为办公室主任，负责办公室里的日常事务，也负责管理公司的繁杂琐事。她不但职级得到晋升，而且薪水也提高了一大截，可谓是双喜临门。

作为一个小小的库管，宋丽并没有轻视自己的工作，而是非常认真细致地完成工作，把不起眼的仓库管理工作做得风生水起。在人生中，每个人都需要定位自己，这样才能最大限度发挥自身的能力和潜力，从而为自己的人生赢得更美好的未来。

人们常说："吃亏是福。"因此，朋友们，对于生活和工作，我们完全没有必要斤斤计较。哪怕我们多做了一些，也是能够得到更多经验的。我们作为年轻人一定要积极主动地工作，就算累一些、辛苦一些，就算没有得到更多的金钱回报，也能借此获得进取的机会，让自己的人生多一些成功的可能性。朋友们，不要吝惜力气，积极地给人生定位，才能让人生事半功倍。

懂得礼仪有助于成功

很多时候，心思单纯的人会把日常的聊天、应酬、客套等看作毫无意义的虚伪表现。实际上，这些礼仪形式不是没有任何意义的。只要我们从思想上认识到这些行为的重要作用，从行为上能够真正地接受，那么这样的礼节就会对我们的人生起到重要的作用。很多朋友也许会说，人与人之间追求的应该是心与心的和谐共鸣，而不是表面的客套。实际上，这只是不谙世事的少男少女才会有的认知和理解。稍微有些人事经验的人都知道人不仅要追求心灵的沟通和共鸣，还要在礼仪方面面面俱到，才能让人际关系得到良好的发展。

当然，心与心的真诚交流是每个人都渴望的。但是正如人生知己难求一样，心与心的交流也是可遇而不可求的。现实生活中，我们除了要与真心相待的人交流，也要与很多关系一般的朋友交流，这样我们才能经营好人际关系，也才能帮助自己在社会交往中站稳脚跟。所以，朋友们，任何时候都不要排斥利益，更不要因为忽略利益而损害人际关系，否则就是得不偿失，就是人生的莫大遗憾。

唐朝时期，云南边境少数民族的首领每年都要给朝廷上贡。有一次，云南首领特意派出特使缅伯高出使唐朝，并且带了一只珍贵的天鹅献给唐太宗。从云南到京城千里迢迢，路过沔阳河的时候，缅伯高看到天鹅脏兮兮的，毛发也不整齐，因而特意从笼子里小心翼翼地拿出天鹅，想要把天鹅洗得干干净净的。然而，趁着他一不留神的时候，天鹅突然从他手中挣脱出去，展翅飞走了。缅伯高情急之下赶紧伸手抓天鹅，但是只勉强抓下来几根鹅毛。

这可是云南首领特意带给唐太宗的礼物啊。缅伯高眼看着天鹅越飞越远，不由急得失声大哭。他的下属们纷纷劝说他："天鹅已经飞远了，哭也于事无补，还是想想怎么交差吧。"

缅伯高觉得下属说得很有道理，因而一到长安就马上带着礼物去拜见唐太宗。唐太宗打开那个非常精致的绸缎包裹，发现里面有一首小诗和几根鹅毛。诗句的内容如下：

天鹅贡唐朝，山高路途遥。

沔阳河失宝，倒地哭号啕。

上复圣天子，可饶缅伯高。

礼轻情意重，千里送鹅毛。

唐太宗看到这首诗不知所以，因而询问缅伯高发生了什么事情。听完缅伯高的讲述之后，唐太宗哈哈大笑起来，说："难能可贵！难能可贵！千里送鹅毛，礼轻情意重！"

现代社会，很多人都喜欢用"千里送鹅毛，礼轻情意重"来形容自己与他人之间的礼尚往来。以上这个故事就是这句俗语的由来。虽然唐太宗没有得到真正的天鹅，但是他收到了天鹅的羽毛，也知道了云南首领对于自己的心意，所以就领了云南首领的好意。缅伯高也如愿以偿地通过这次出使促进了云南和朝廷的关系。

很多时候，我们自以为所谓的客套礼仪根本不能对人际关系起到促进作用，实际上，客套的作用远远超乎我们的想象。就像人们常说的，量变才能引起质变，而客套也恰恰能够促进人们的情谊在实质意义上得到发展。退一步来说，就算心中情谊再深，也需要我们通过各种形式表现出来。这个世界上有多少心有灵犀的事例呢？我们与其等着对方领悟我们的意思，不如主动表达我们的心意，表现我们的友好和善良。无数的事实证明，哪怕我们只是从礼仪的角度善待陌生人，只要我们礼数周到，也足以给对方留下良好的印象。虽然有很多朋友崇尚真实率性，但是假如因不拘小节而给人留下不礼貌的印象，那么必然会伤害人际关系。自古以来，中国就以礼仪之邦自居。我们唯有用礼仪维系感情，才能更好地处理人际关系，让人际关系更加和谐融洽，也让我们与他人之间的交往更加顺遂如意。

正确面对，不要苛求完美

正所谓人生不如意十之八九，每个人在人生之中都会遇到烦恼，因为人生从来不是顺遂如意的。但是，人生的烦恼来源不同，诸如有些人之所以感到烦恼，是因为他们的人生遭遇了很多坎坷挫折，使他们觉得暗无天日；有些人之所以感到烦恼，是因为感情上不顺利，不能与自己所爱的人在一起；有些人之所以感到烦恼，是因为生活或者工作上遭遇困境，无法摆脱……和这些外力使然的烦恼不同，有些人之所以感到烦恼，是因为他们从来不知道满足，不管做什么事情都想要尽善尽美，如此一来，他们岂不会感到身心俱疲？

静下心来认真想想，生活中的很多事情是否圆满，并非取决于我们的能力高低。正如古人所说的："天时、地利、人和，三者不得，虽胜有殃。"很多时候，我们哪怕能力很强，也会因为外界的各种条件限制，而无法正常发挥。有的时候，我们还会因为过于贪心而产生不切实际的期待。要知道，凡事皆有度，任何事情一旦过度就会从合理走向荒谬，从圆满走向缺憾。这个世界上没有十全十美，更没有真正的圆满。我们必须改变心态，让自己发自内心地感到满足，才能改变人生缺憾的状态，也才能使我们的精神得到解脱，得到更多的幸福快乐。

在河岸两边分别住着一个农夫和一个和尚。每天，和尚早早起床，看到农夫在田地里辛勤地耕耘，日出而作，日落而息，生活简单而又快乐，因而非常羡慕农夫。和尚不知道的是，农夫每天也隔着河流看着对岸的他。农夫看到和尚每天都无忧无虑地念经，进行简单的劳作，丝毫没有尘世间的烦恼，也羡慕不已。所以，农夫与和尚几乎同一时间产生了相同的想法：真好，我也想去对岸享受那简单快乐的生活。

一天，农夫与和尚无意间碰到了一起，他们马上相见恨晚地交谈起来。当得知彼此都在羡慕对方时，他们当即决定交换身份，以更好地感受对方的生活。和尚变成农夫之后，一下子多了很多世俗的琐事，因而他非常烦恼。渐渐地，他开始怀念起当和尚的生活；农夫呢，在变成和尚之后，他才知道和尚每天只能吃那些清淡的蔬菜，连酒肉都不能碰。而且，除了敲钟念经之外，和尚只能劳作，没有任何娱乐活动。这样枯燥乏味的生活使得农夫越来越厌倦。因此，变成农夫的和尚，每天都在河岸这边看着河岸那边已经变成和尚的农夫，他们又开始彼此羡慕。

不管是和尚还是农夫，他们对于本来的生活都不够满意，所以才会羡慕对方的生活。然而，在真正交换身份成为对方之后，他们并没有得到满足，而是继续苦恼于成为对方之后发现的新的遗憾之处。为此，他们又开始羡慕彼此。

这尽管只是一个小小的故事，却告诉我们一个深刻的道理。我们因对自己的生活不满而羡慕别人的生活，殊不知，别人的生活并非我们所想象的那么美好，也同样是不那么令人满意的。

现实生活中，很多人都苛求完美，恨不得让自己的生活十全十美。然而，生活永远也不会按照他们想象的样子发展，因为每件事情归根结底都有自身的发展规律，这些规律是无法颠覆的。世界原本就是不完美的，世界上也没有绝对的完美。当我们为了追求完美而错失生命中的很多美好时，我们才会意识到自己的选择是得不偿失的。尽管知足常乐有时会导致我们安于现状，因而并不是一种非常积极的人生态度，但永不知足也会给我们徒增烦恼。我们要学会合理控制自身的欲望，唯有如此，我们才能对生活感到知足，也才能不再为了追求完美而苦恼。

即使是配角也要把舞台当成自己的主场

人们常说，人生如戏。的确，人生是一场大戏，不管是在台上还是在台下，每个人都是自己人生的主角，而且是一台很多人联袂出演的大戏的主角。在人生的舞台上，我们每个人都既是演员，也是导演。当发现机遇到来时，我们应该第一时间决定自己是否上台。有的时候我们演独角戏只是因为寂寞无聊。更多的时候，我们和很多人一起表演，演得好了，就能成为主角，成为舞台上的焦点；演得不好，我们就会成为配角，成为衬托红花的绿叶。人生如戏，戏如人生，戏里戏外，我们都要竭尽所能地演好自己的角色，哪怕是个配角，我们也要演出属于自己的精彩。

毋庸置疑，在人生这出戏里，我们不可能始终都扮演主角。有的人一生之中默默无闻，甚至从未扮演过主角。但是，我们并不能因此就对人生极度不满，甚至放弃努力。试问，如果没有配角，如何才能表现出主角的光彩照人呢？所以，就算是配角，我们也是不可轻视的，也要竭尽所能表演出自己的水平。

作为一名四处奔波的推销员，小马虽然觉得工作很辛苦，但是始终特别勤奋努力。因为他想凭借自己的努力为自己赢得更好的机会，也希望有朝一日能够升任销售经理，拥有属于自己的销售团队。就这样，他如同"拼命三郎"般打拼了五六年后，终于以优秀的销售业绩升任销售经理。然而，他也许更适合销售工作，而不适合管理。当了一年多销售经理后，他所管理的销售团队业绩一般，而且人员流失很大，他因此受到降职处理，再次成为一名推销员。

其实，销售行业的升迁主要靠销售业绩，因此职位的变动也是很正常的现象。但是，小马对于自己的降职始终耿耿于怀。他如同霜打的茄子一般始终蔫头耷脑，对工作也毫无兴趣。就这样，降职之后连续三个月，他没有任何工作业绩，始终表现平平。后来，他渐渐喜欢上了喝酒，想要用酒精麻痹自己。上司对于小马的表现也很失望，因此决定辞退小马。就这样，小马从一名优秀的推销员，变成一个自暴自弃的人。

原本是配角的小马，在成为主角后又被降职，这下子他脆弱的内心无法承受降为配角的挫折和打击，最终他变得自暴自弃了。然而，没有人的人生之路会是一帆风顺的。很多时候，我们会陷入找不到人生的出口的绝境之中。在这种情况下，一味地前进未必是最好的选择，明智者会以退为进来获得更多的机会，进行更多的选择，从而为自己的人生做好充分的准备工作。

此外,在竞争激烈的现代职场,我们还要保持低调。正所谓"不鸣则已,一鸣惊人",一个咋咋呼呼的人的行事是无法达到这样的效果的。很多事情在没有完全把握的情况下,我们根本无须四处张扬,因为四处张扬并不能使我们得到胜利,反而会使他人提前做好应对我们的准备,也给我们的成功设置了更多的障碍。沉默之中的爆发才能为我们营造一鸣惊人的效果,也让我们给他人造成更大的震撼力。

养精蓄锐,才能更近一步

这个世界上有多少个人,就有多少种脾气秉性。虽然心理学家对人的性格类型进行了多种分类,但是不管从哪个角度进行的分类都只能粗略地概括人的性格,都不能对人的性格进行十分精确的区分。这也难怪,因为这个世界上既没有两片完全相同的树叶,也没有两个完全相同的人,所以人也就成了这个世界上最复杂、最难以捉摸的生物。也正因此,每个人的性情、立场、观点千差万别,在交往中不可强求他人合自己的心意。

很多性格直爽的人都很真诚,也喜欢率性而为。他们不管说话还是做事,总是想说什么就说什么,想怎么做就怎么做,根本不考虑别人的感受。这样一来,他们既无法做到体贴周全，又无法做到冷静理智，常常因为一句话说得不对而与他人发生激烈的争辩，甚至是冲突。他们特立独行，锋芒毕露，不但行事受到阻碍，而且工作和事业也受到影响。

现代社会中，我们有权利发表自己的言论，但无权为逞口舌之快而罔顾他人发表不同观点。所以，人可以有锋芒，但是却不能锋芒毕露。遗憾的是，现代社会很多年轻人都锋芒毕露。他们不管做人还是做事都只从自己的主观角度出发，丝毫不考虑他人的感受和体会。为此，他们无形中得罪了人，自己却毫不知情。不得不说，这对于他们的工作和生活都会带来巨大的负面影响。所以，朋友们，为人处世，与其锋芒毕露，不如养精蓄锐。

大学毕业后，娜娜参加了一档职场招聘节目，想借此机会为自己赢得更美好的未来。她对于自己很有信心，因为她不仅毕业于名牌大学，而且还曾在学校里担任学生会主席，经常组织同学们开展各种活动，可谓出类拔萃。对于这档节目，她目标明确，志在必得。不过，娜娜在自信之余，却忽略了自己的一个致命缺点：说话太直接，还得罪了不少人。

在选秀节目上，她虽然使出浑身解数表现自己，却并没有如愿以偿地赢得评委的好感。在和一位评委因为意见不一致产生分歧时，娜娜更是寸步不让，咄咄逼人。最终，她无法控制自己，与评委针锋相对地吵了起来。虽然娜娜在争论中看似没有吃亏，用人单位却因为她锋芒毕露而觉得她情商太低，最终都放弃了她。最严重的影响还不在于此，该档职场招聘节目是现场直播、全国放送，在节目播出后，很多公司都对娜娜的表现心有余悸，不愿意录用娜娜。直到几个月之后，娜娜才好不容易进入一家大公司当行政人员，但是又因为她在协调各部门关系时总是颐指气使，得罪了很多老员工，最终被老员工联名投诉，经核查老员工的反映内容属实，娜娜又失去了工作。就这样，娜娜毕业之后好几年里一直在换工作，根本没有任何成就。

当然，为人直率在爱你、包容你的人眼里会是优点或者是可爱的缺点，但是在那些与我们不相干的人眼里，直来直去就显得情商太低，而且不通人情世故。我们必须记住，没有任何人愿意无缘无故被他人的语言伤害。所谓"性格决定命运"，正是因为性格影响了我们的生活和工作，最终让我们的命运也变得面目全非。所以，我们更要努力改变自己的性格，让自己的人生得到更多机会。

在这个世界上，万事万物都是密切联系的。正如著名的"蝴蝶效应"那样，地球另一侧的蝴蝶扇动翅膀，这一侧有可能会掀起飓风。人更是如此，人是群居动物，每个人都要在人群中生活。尤其是现代社会，各行各业的分工越来越明确，合作也越来越密切。在这种情况下，我们与其因为性格原因把自己变成一座孤岛，彻底与成功绝缘，不如心甘情愿地主动改变和完善性格来赢得更多人的心,得到他们的支持和帮助。早在古代,先哲就提出"得道多助,失道寡助",所以我们更应该隐藏自己的锋芒,让自己养精蓄锐,在关键时刻亮剑。

第03章

心直口慢，话到嘴边请再思考三分钟

每个人都有一张嘴巴，这张嘴巴除了吃饭喝水和呼吸之外，最大的作用就是说话。在这个世界上，除了聋哑人，每个有语言表达能力的人都要依靠嘴巴来实现与他人之间的交流和沟通。当然，嘴巴距离我们的脑袋是很近的，但是我们不能因此就不假思索地说话，美其名曰"心直口快"。人生中的很多情况都非常复杂，面对简单的情况，我们当然可以随心所欲地说话；但是面对复杂的情况，我们必须仔细斟酌和考量，才能避免自己口无遮拦，说完话之后又追悔莫及。所以，我们可以心直，但是不能口快，这样才能谨言慎行，避免祸从口出。

说话之前一定要细心斟酌

人们常说："言为心声。"这句话的意思是说，一个人所说的话总是代表了他的心意，尤其是在毫不掩饰的情况下，语言就是心灵的外在表现。既然人们通过语言来认识和了解一个人的内心，我们就应该对语言引起足够的重视。说到底，假如我们因为口不择言说出什么让自己后悔莫及的话，我们就一定会为此承担责任、承受后果。

曾经有人说，这个世界上整日纠纷不断，其中有很多麻烦是因为语言而起。的确，经常看影视剧的朋友也会发现，很多人因为彼此沟通存在误解，导致关系不断疏远，这又使得误会进一步加深，最终关系彻底破裂。关系亲近的人之间也不能免俗，反而因为互相都想当然地以为对方一定了解和体谅自己，因而说话常不假思索，结果更加不尽如人意。所以我们说，一个人如果不能恰到好处地表达自己，其后果简直比愚蠢更严重。即便是很多聪明人也会因为各种各样的原因导致说话不当，这无疑是他们所做的蠢事。由此可见，说出不恰当的话给自己招致的麻烦，和做出愚蠢的事情给自己带来的困扰一样多。因而，朋友们，千万不要轻视语言。我们唯有把每句话都说好，至少要说得不至于引起误会和麻烦，才能避免陷入语言沟通的误区，也给自己的生活和工作减少麻烦。

唐朝时期，大诗人贾岛每次作诗都会认真斟酌字句。对于拿不准的字词，他毫不懈怠，总是一直推敲到让自己满意为止。一年秋天，贾岛远赴京城长安参加科举考试。他千里奔波来到长安城，看到满街的落叶，因而脱口而出"落叶满长安"。然而，一句话再精妙也显得单薄，为此他绞尽脑汁想再题一句好诗。他一时之间想不出合适的诗句，便边思索边漫无目的地散步到渭水河边。此时，秋风瑟瑟，贾岛看到渭水河里波光粼粼，突然妙手偶得好诗句——"秋风吹渭水"。

还有一次，贾岛因为入神地斟酌字句，骑驴不小心闯入了官道。他创作的这首诗名为《题李凝幽居》，全诗内容如下：

闲居少邻并，草径入荒园。

鸟宿池边树，僧敲月下门。

过桥分野色，移石动云根。

暂去还来此，幽期不负言。

不过，对于其中的第二句，他不知道到底是用"僧推月下门"好，还是用"僧敲月下门"好。就这样，他口中念念有词，丝毫没有发现自己已经进入大官员韩愈的仪仗队中。韩愈问明原因后，非但没有责怪贾岛，反而认真帮助贾岛思考到底用哪个字。后来，韩愈告诉贾岛："此处用'敲'字好。夜深人静时,'敲'字无疑带来了响动,使动静相宜,读起来也更朗朗上口。"得到韩愈的指教,贾岛倍感荣幸,当即将其定为"僧敲月下门"。后来,贾岛和韩愈还成为了好朋友。

看了这个事例,也许有些朋友会说,贾岛是大诗人,一字千金,而且诗句本来就要精悍到位,所以当然要花时间推敲了。在日常生活中,我们总是因为各种各样的原因迫不及待地想要表达自己,假如我们也用那么长的时间推敲一个字的用法,岂不是什么事情都做不成了吗?的确,书面语言和口头语言有着一定的区别,但是无论如何,斟酌使用语言的道理是共通的。虽然我们的口头语言不需要像诗句那样一丝不苟,但是我们至少要用心思考语言的内容以及表达的方式。这样,我们才能通过交流与他人更好地互动,而不至于因为语言的败笔导致与他人的关系更加恶劣。

村里有个有钱人要过六十大寿,为了热闹,他特意请了很多亲戚朋友一起吃饭。寿辰这天,他眼看着开席的时间就要到了,但是还有一半的宾客没有到来。因此有钱人走来走去,焦急不安地说:"怎么回事呢,该来的怎么还不来。"听到这句话,许多早早来了的亲戚朋友都暗自思忖:该来的还不来,言外之意不就是说不该来的都来了么。既然我们不受欢迎,还不如趁早告辞呢!没过多会儿,这些亲戚朋友全都找了理由,起身离席告辞了。不过,他们之中有个人与有钱人是好朋友,很清楚有钱人说话就是这样,所以并没有在意,而是继续坐在宴席桌旁。

有钱人在院子里踱来踱去,看着原本坐满了一半,转眼之间却变得空荡荡的宴席桌,心烦地大声说:"怎么不该走的又都走了呢?"听到这句话,留下来的那个朋友再也按捺不住,说:"你的意思是,我这个该走的还没走呗!"说完,这个朋友也起身离席走了。

原本宴请亲戚朋友吃饭是好事情,但是这个有钱人偏偏不会说话,表达错了自己的心意,导致一件好事变成了扫兴事,还得罪了不少人。所以,朋友们,不管什么情况下,我们说话都一定要经过大脑。正所谓"说者无心,听者有意",假如我们想说什么就说什么,完全无所顾忌,我们就很有可能把事情搞砸。

人与人之间想要建立友好的关系需要漫长的过程,但是想要破坏原本的好感却非常容易,很多时候就是一句话的事情。我们与人交流必须谨慎,避免因为一句不经意的话就与他人之间产生裂痕。也许孩童时期还可以童言无忌,但是一旦长大成人,我们必须对自己所说的每句话负责,也必然要承受我们每句话引起的后果。为了避免心直口快说错话,我们还可适当放缓说话的速度。毕竟有的时候嘴巴太快,脑子是会跟不上的。

所以，朋友们，适当放慢语速，让我们的嘴巴等一等我们的脑袋瓜子吧！

真正的会说话，是懂得适时沉默

很多时候，我们以语言作为武器与他人展开激烈的辩论，试图以我们严谨的思维和连珠炮一样发射的语言炮弹征服他人。最终的结果是什么呢？我们的气势也许会暂时压倒对方，但也许会招致对方更激烈的对抗，即使对方暂时对我们表示认可，心底也是不服气的。这样的"征服"只是形式上的暂时胜利，而不是真正的征服。甚至，这样的歇斯底里和急不可耐也许会被对方认作我们内心的空虚和无奈的表现。这样一来，我们自然会被对方看扁。那么，我们到底如何才能表现出自己的力量呢？细心的朋友会发现，正所谓"有理不在声高"，很多时候越是大声叫嚷的人内心越是胆怯。恰恰相反，很多身居高位的人在和别人说话时总是声音压低，绝不声嘶力竭。这就是他们的过人之处。

大多数人在想要吸引别人的注意力，让别人全神贯注倾听自己讲话时，都会尽量提高声音，这恰恰是一个误区。真正懂得说话技巧的人，会在想要得到别人的凝神倾听时突然把高亢的声音降低。朋友们只需要亲身做一次就会知道这样做的效果。当然，同样的道理，低声的语言比高声的语言更有吸引力，沉默很多时候也比有声的语言更有力量。

在人际交流中，沉默是一种非常有用的表达，能够帮助发言者占据主动的地位。很多人都喜欢使用这个技巧来压制对手，让对手充分领略到沉默的力量。因为沉默，我们不会再言多必失，而且可以躲在沉默背后观察处于明处的对手。不管是真的沉默，还是刻意制造出来的沉默，都能帮助我们给对手留下自信、胸有成竹的印象。恰到好处的沉默，再加上我们在神态上表现出的淡定从容，更会事半功倍。这样一来，对方必然会在我们的沉默中自乱阵脚，首先露出破绽，我们战胜对方也就变得轻而易举。毋庸置疑，善于使用沉默技巧的人是人际交流的高手，他们知道如何营造沉默的氛围，也知道如何打破沉默，让气氛重新变得活跃。然而对于不懂得这个技巧的人而言，沉默却会给他们造成巨大的压力，也会使他们陷入尴尬和难堪。

日本的白隐禅师德高望重，很受人尊重。有个女孩还没有结婚就怀孕了，她父母得知此事后，都觉得颜面扫地，因而追问女孩孩子的父亲是谁。女孩不敢说出真相，一则怕父母去找那个男孩，二则也怕事情越闹越大。然而父母没有得到满意的答案，自然不愿意善罢甘休。最终，在他们的再三逼问下，女孩推说孩子的父亲是白隐禅师。父母得知所谓的"真相"，气得七窍生烟，当即带着女孩去找白隐禅师理论。

女孩父母对着白隐禅师发泄了一通心中的愤怒。女孩原本很担心白隐禅师会坚决否认，但是出乎她的预料，白隐禅师只是说："啊，真的是这样吗？"看到白隐禅师气定神闲、毫不惊慌的样子，女孩的父母也没有再闹，而是在女孩生下孩子之后，把孩子送给了白隐禅师。对此，白隐禅师毫不推辞，而是尽心尽力、无怨无悔地抚养孩子。这样一来，外界的人都认为白隐禅师真的是孩子的父亲，因此对白隐禅师的评价一落千丈，更有人辱骂白隐禅师是披着羊皮的狼，是人类的败类。对此，白隐禅师从未辩解过。一年多时间过去，女孩终于难以忍受良心的折磨，把真相告诉了父母：孩子的父亲其实另有其人。

女孩父母当即来到寺庙里向白隐禅师道歉，但是白隐禅师依然气定神闲地说："啊，真的是这样吗？"

人生在世，很多人都会遭到他人的误解。在这种情况下，我们与其竭力为自己辩解，还不如保持沉默，让事实表明真相。有的时候，辩解的确会越抹越黑。当凭借一己之力无法说服他人时，我们不如静下心来，表现出我们的宽容大度和问心无愧。

人是群居动物，每个人都要与他人打交道，与这个社会打交道。在此过程中，我们很容易与他人发生冲突，这时候并不需要过多的语言说明，而是要让沉默爆发出力量。正如诗中所说的"此时无声胜有声"。有的时候，面对他人的滔滔不绝，我们的沉默反而能使他们丈二和尚摸不着头脑。庄子曾说过的"大辩不言"也是这个道理。当然，在形形色色的情况中，我们并不容易做到保持沉默。首先我们要想保持沉默，就必须练就强大的内心。唯有心态坦然、波澜不惊，我们才能做到真正的沉默。其次，我们还要对人宽容。一个斤斤计较的人是很难容忍他人对自己的误解或者指责的，但是实际上他人的误解或者指责对于我们的生活并不会起到很大的影响。所以，我们要心胸宽广，才能恰到好处地运用沉默的力量。

管住嘴巴，三思而后言

　　天下大旱的时候，有只乌龟眼看着就要干死了，为此它央求大雁带着它去其他地方寻找水源。大雁用嘴巴衔起乌龟，开始奋力扑扇翅膀朝着远方飞去。半途中，乌龟看到地面上的城市，忍不住问大雁："地上的这座城市叫什么名字？我们可以停下来去看看吗？"大雁正辛苦地飞着呢，虽然对于乌龟的疑问不以为然，但是它又很想表现出自己的见多识广，于是张开嘴想要回答乌龟的问题，却没想到乌龟从高空坠地摔死了。

这个故事中，我们与其指责大雁不应该张开嘴回答问题，不如说乌龟没有把自己的安危放在心上，引诱大雁说话，所以咎由自取，坠地身亡。

这虽然只是一个寓言故事，却告诉我们一个道理：很多祸患都是因为嘴巴引起的，而不是因为人的双手或者双脚。的确，我们每个人都应该管好自己的嘴巴，这样才能避免因为说了不该说的话而导致严重的后果。否则，哪怕我们追悔莫及，也无法使时光倒转，改变我们曾经因为轻易张开嘴巴、口无遮拦而产生恶果的事实。尤其是在现代社会，每个人都非常敏感，人与人之间的关系也错综复杂，我们更是应该三思而后言，才能避免祸从口出。

很久以前，有个才子不但仪表堂堂，而且才华横溢。原本，他完全可以凭借自己的能力获得巨大的成就，但是他生性放荡，桀骜不驯，经常以自己的才华嘲笑他人，最终他非但没有任何成就，反而因为口无遮拦得罪了人，被发配到战场上。事情的原委说来可笑，但是蕴含的道理却惹人深思。

有一天，才子来到闹市，看到一位年轻美貌的女子迎面向他走来。他当即灵机一动，作诗道："来了一女子，移步生莲花。金莲这么小……"今日我们已经完全抛弃了妇女缠足的陋习，但封建时代的陈旧观点是以是否有"三寸金莲"来衡量女子是否美丽的。为此女子不由得驻足细听，想听到更多的赞美之词。没想到才子突然想捉弄姑娘,因而继续说:"——横量。"听到才子笑话自己的脚大,横向量还有三寸,姑娘气愤不已,一纸诉状把才子告到了县衙。

县太爷当即召来才子问询。原本出于爱才的心理,县太爷只想警告才子,让他略加收敛,因而命令他七步成诗,并且向女子道歉,此案即可了结。才子才华横溢,当然没把县太爷的要求放在眼里。只见他略微沉思,就走了三步,便开口吟道:"古人叫东坡,今人叫西坡(县太爷名叫郑西坡),这坡又那坡……"县太爷听到才子把他与苏东坡相提并论,心中正在暗自窃喜,不想才子突然话锋一转,说:"差太多!"显然,这样的语言大转折让县太爷愤怒不已,而且觉得丢了面子。为此,县太爷当即下令:"充军,发配襄阳!"

才子遭此噩运,把他从小抚养长大的舅舅特意赶来为他送行,并且责备才子:"你呀你呀,从小顽劣,如今终于闯下大祸,我简直无颜见你死去的爹娘啊!"才子也懊悔不已,涕泪横流地说:"充军去襄阳,比舅如爹娘,两人都流泪……"舅舅听到才子把自己当成爹娘,因而更加心疼才子,不想才子突然说:"只三行!"听到这话,舅舅气得含着眼泪扭头就走。原来,舅舅是个独眼,一生之中最忌讳他人提起这件事情,偏偏这个才华横溢的外甥戳了他的心窝子。

才子说话口不择言,最终因为一件小事情,导致自己被充军发配襄阳，从此前途难料，生死难卜。古人强调"君子慎言"就是为了避免祸从口出。假如一个人总是口不择言，那么他的言论除了伤害他人之外，还会让自己陷入尴尬和难堪之中，甚至给自己招致灾祸。

在与他人交往的过程中，我们一定要注意，在与人进行语言交流时，千万要谨言慎行。有些话如果拿不准，宁愿在心里多琢磨一下，也不要口不择言地随便说出来。人的头脑就是为了思考而生，这就要求我们说话更是要过脑子，才能避免祸从口出。所谓言多必失，有的时候我们还要避免过多地表达，在没有把握的情况下，我们说得越多，错得也就越多，反而更容易被他人抓住把柄。现代社会，我们要想在不同的场合针对不同的说话对象合理表达，就必须更加用心思考，选择和组织好语言，这样我们才能经营好人际关系。

别轻易和他人发生争执

生活中，每个人的成长背景、教育经历、各种观点等都有所不同，这就直接导致人和人在很多意见或者看法上会存在不同。实际上，这种不同的存在是理所当然、天经地义的，我们既无权要求别人的各种观点一定要同我们一样，也无须强迫自己一定要与别人保持一致。求同存异或者保持个性都是很好的选择。遗憾的是，总有些人喜欢与他人争执。他们常常为了一个小小的问题或者观点就与他人争得脸红脖子粗，大有针锋相对之感。人生中真的有那么多的问题需要争辩吗？聪明的朋友会发现，很多人之所以活得不快乐，就是因为斤斤计较，这使得他们既无法原谅自己，也无法原谅别人。这样一来，还谈何洒脱和快乐呢！

喜欢争论的人总是非常看重争论的结果。他们觉得把别人驳倒似乎是一件很有成就感的事情。实际上，哪怕口舌上占了上风，也未必意味着真正的胜利。相反，假如我们因此给人留下咄咄逼人、不够宽容和善良的印象，反而得不偿失。反过来说，假如我们被对方驳倒，也难免会觉得失去面子，陷入尴尬。就这个角度而言，很多时候争论都是一把双刃剑，无论输赢都会对我们造成伤害，也会给他人带来不快。假如我们争论的问题无关紧要，我们不如就不要争论。没有那么多的问题涉及原则，也没有那么多的问题是不容退让的。正所谓退一步海阔天空，我们唯有适当让步，才会给自己的人生赢得一片更加开阔的天地。

在战场上，人们常常以"兵不血刃"来形容那些战术高超的将领。其实，争辩又何尝不是一场没有硝烟的唇枪舌剑呢！和费尽口舌地争论以获得胜利相比，以和平友好的方式赢得他人的心才是真正的征服。

此外，生活中有些争论是毫无意义的。诸如我们和一个水平不如自己的人争论，从某种意义上来说这无形中降低了我们的身份；我们和别人争论一个显而易见的问题，哪怕我们是对的，我们也是失败了，因为我们毫无意义地浪费了自己的宝贵时间；我们与人争长论短，为了赢得争论而伤害了他人的颜面，导致树敌，可谓得不偿失……总而言之，我们要珍惜宝贵的生命和时间，把我们有限的精力用在有价值的讨论和其他有意义的事情上，这样我们的人生才更加充实。

聪明的人即使与人争论，也不会尝试改变他人的想法。一则如果他人固执己见，我们无论多么巧舌如簧也无法达到目的；二则如果我们强制改变别人的想法，只会导致事与愿违。尤其是当碰到心胸狭隘的人时，我们的寸步不让甚至会让对方恼羞成怒。所谓心服口服，就是说只有心里服气了，嘴上才能真正服气。因此，我们无论说服谁都要先从心理上让对方折服。所以，朋友们，争辩虽然是在嘴上，根本却在心里。那么，你到底是想赢得表面上的胜利，还是愿意略微让步，从而让对方对你真正地心服口服呢？相信聪明的朋友心中自有选择。

中学毕业十周年聚会上，张乔见到了多年不见的老同学和老师们。十年弹指一挥间，同学们见面自然非常亲热，酒过三巡之后，似乎又重回当年的时光，因而彼此都感慨万千。说起曾经读书时的各种糗事，大家更是情不自禁地彼此揭老底，相互挖苦讽刺，但是都心无芥蒂，因为知道彼此并没有恶意。

有位同学提起一首诗，这首诗的作者应该是徐志摩，但是他却误以为这首诗是闻一多写的。张乔马上纠正这位同学，但是这位同学固执己见，坚决不承认错误。眼看着他们争得面红耳赤，双方都有些着急了，张乔突然想到当年的语文老师就在座，何不让老师当裁判呢？想到这里，张乔马上站起来，大声问坐在他对面的老师正确答案到底是什么。老师看了看他们，笑着说："是闻一多。"听到老师的回答，那位同学才高兴地恢复常态，但是张乔无论如何也不相信自己是错的。后来宴会结束，他特意留下来问老师。老师说："既然那位同学喝多了，又是当着这么多同学的面，你何必要指出他的错误呢！毕竟，老同学见面每个人都很要面子。而且，这是同学聚会，也不是考场，我们无须那么较真，更没有必要为不值一提的小问题相互辩论、寸步不让，如果伤了和气就得不偿失了。"听了老师的话，张乔恍然大悟。幸好老师在，不然他也许会因为那个小问题和同学吵闹起来，那就搅和了所有同学聚会的兴致了！

既然不是在高考的考场上，其实没有必要对于很多问题的正确答案那么较真。尤其是在同学聚会的时候，如果多年未见的老同学因为一个小小的问题而争执不休，扰了大家的兴致，那么实在是得不偿失。为争得一时的输赢而失去他人的好感，无疑是本末倒置。所以，朋友们，如果你们想要赢得他人的好感，与他人之间建立良好的关系，那么永远不要与他人进行毫无意义的争辩。假如你一心一意想要证明自己是对的，而不顾别人的颜面，那么你身边的朋友全都会远离你。任何时候，我们都不能完全以自我为中心，不顾他人的感受。

人的本能使人们不愿意遭到他人的否定和质疑。所以当受到这种对待的时候，人们总是很轻易地被激怒，甚至因此对他人产生芥蒂。哪怕有的时候我们必须探究事情的真相和对错，我们也未必要采取争辩的方式，可以商量、讨论或者验证，这些都比争辩的方法效果更好。

给对方留面子，人际关系才成功

爱面子是中国人的特点之一。那些自尊心极强的人更是把面子看得比自己的一切都更重要。俗话说"人活一张脸，树活一张皮"，这是他们的真实写照。基于这个特点，在与人相处的过程中，要想博得他人的好感，与他人搞好关系，我们首先也要确定一个原则，即无论什么时候、无论什么情况，都不要以伤害别人颜面或者践踏他人尊严为代价战胜他人。

明朝的开国皇帝朱元璋从小家境贫寒，在当了皇帝之后，他以前认识的一些穷苦人去京城投奔他。这些人都想着朱元璋既然已经成为至高无上的皇帝，一定会念及旧情接济一下他们，让他们也过上好日子。但是他们没有想到如今身份高贵的朱元璋，根本不愿意将自己曾经卑微低贱的生活经历泄露出去。所以，对于那些投奔他的人，他基本上都拒之门外，避而不见。

一次，从小和朱元璋穿着开裆裤一起长大的小兄弟千里迢迢来到京城，费尽周折终于进了皇宫面见朱元璋。他当着满朝文武百官的面，一见朱元璋就毫不忌讳地大叫："天啊，朱老四，你现在可是今非昔比了，我简直难以想象自己是和你一起穿着开裆裤长大的。你还记得么，你当初做了坏事情，总是让我替你顶包，替你挨揍。有一次，咱们俩一起去别人的地里偷黄豆吃。咱俩找了个破瓦罐，又从家里偷了一些盐煮豆子呢！结果，你因为心急吃豆子，把破瓦罐打了个稀巴烂，还差点儿被豆子卡死！怎么样，你想起来了吗？应该想起来我是谁了吧？"正当这个小兄弟唠叨个没完没了的时候，朱元璋却如坐针毡，要知道他可是皇帝，怎么能把穿开裆裤时的事情都抖搂给文武百官听呢？

想到这里，原本还感念旧情的朱元璋当机立断，先发制人，喝令道："你疯了吧！我不知道你是谁！来人啊，把他拉下去，打五十大板，必须打得皮开肉绽，他下次才不会胡说八道。"就这样，这个投奔朱元璋的小兄弟，还没有做完获得荣华富贵的梦，就被打得血肉模糊，再也不敢提起"朱元璋"这三个字了。

考虑到朱元璋如今的身份今非昔比，而且身边还站着文武百官，假如这个小兄弟能够换一种方式与朱元璋叙旧情，那么他也许反而能够得到朱元璋的善待。从心理学的角度来说，人的天性就是维护自尊，保护颜面。一个人不管身份地位高低都无法容忍他人揭穿自己的老底，伤害自己的颜面。这就像是一个不能涉足的雷区一样。我们唯有记住这一点，和任何人相处都不踏入雷区，才能让自己与他人的相处更加和谐友好，也才能避免因为口无遮拦引起他人的嫌恶。

俗话说："见着秃子不讲疮，见着盲人不讲光。"这句话告诉我们在与他人交谈时一定不要哪壶不开提哪壶，否则必然招致他人怨恨。当然，我们也应该摆正心态，不要以自己的长处比较他人的短处。想想吧，这个世界上哪个人是完美的呢！包括我们自己在内，每个人都有优点，也有缺点。我们既不要因为优点而骄傲，也不要因为缺点而妄自菲薄。同样的道理，我们也不要因为他人的缺点就瞧不起他，更不要抓住他人的短处让他难堪，否则我们必然无法得到他人的尊重，也会陷入尴尬的境地。

常言道："金无足赤，人无完人。"我们不能以五十步笑百步，而要宽容对待他人的小小瑕疵和缺点。与此相似，我们哪怕知道别人的秘密，也不要随意张扬，更不能以此为理由嘲笑他人。不管做人还是做事，我们都要学会留有余地，不拆别人的台，这样我们才能与他人搞好关系，在需要帮助的时候也能得到他人的鼎力相助。

说话太直率，锋芒容易伤人

《论语》有言："质胜文则野，文胜质则史。文质彬彬，然后君子。"意思是一个人假如质朴胜过文饰，就会导致非常粗野；假如文饰胜过质朴，又会变得虚浮；只有质朴和文饰相得益彰，才能成为真正的君子。这句话告诉我们，一个人如果心直口快，过于直爽，就会显得非常粗俗。生活中，很多朋友以自己性格直爽、心直口快为由，总是不愿意收敛自己的任性。也许身边的亲人朋友会包容我们的脾气秉性，但是一旦走入社会，那些不相干或者是关系一般的人，诸如同事、普通朋友或陌生人，还会如此包容乃至纵容我们吗？很多朋友也许认为，说话说错了没关系，只要自己说话当时感到痛快，等到过后再道歉就好。殊不知，说出去的话就像泼出去的水，我们再怎么努力，也无法挽回语言带给他人的伤害。如果以比喻来形容，快言快语就像是一把锋利的刀子，而且是双刃的。那些心直口快的话不但会刺伤他人的心灵，也会引来他人对我们的嫌恶，最终也给我们的生活带来很大的伤害，造成很大的阻碍。因此，我们必须杜绝快言快语，这样才能避免伤害他人，也才能更好地经营人际关系，让我们的生活和工作更加顺遂如意。

　　一般情况下，快言快语的人比较富于正义感，思维敏捷，口齿清晰，所以说话瞬间的爆发力很强。与此同时，语言的杀伤力也很强。要知道，不管我们的初衷多么好，我们一旦在语言上使他人受到伤害，他人是很可能会讨厌和记恨我们的。同样一句话："会说的惹人笑，不会说的惹人跳"，我们如果能够改变一种方式，把话说到他人的心里去，还有何必要非要得罪人呢？要知道，人脉资源是现代社会最重要的资源之一，值得我们万分珍惜。所以，我们要学会委婉曲折地说话，让说出的话变得更加动听，也能够打动人心。

　　公元前266年，赵惠文王去世，年幼的太子登基，其母亲赵太后掌权。秦国趁着赵国危难之际发兵攻打赵国，无奈之下，赵国只好求救于齐国。齐国同意发兵援救，但是条件是让赵太后最宠爱的小儿子长安君去齐国当人质。赵太后坚决不同意。为了赵国的安危，群臣纷纷劝谏，却触怒了赵太后。赵太后怒气冲冲地说："假如再有人劝说我让长安君去齐国当人质，我就要用唾沫唾他！"这时，左师触龙请求拜见赵太后，赵太后此时正在气头上，恨不得用眼神杀死触龙。

　　触龙当然知道情势危急，但是他也很清楚不能强求赵太后。只见他步履沉稳地走到赵太后面前,说:"太后,请您原谅臣。臣有腿疾,所以走不快。虽然臣很久没来拜见太后,但是臣始终牵挂太后。"这时,赵太后说:"我也得依靠车子代步。"触龙问:"您最近饮食如何?是否有所减少呢?"太后说:"勉强喝点儿粥罢了。"触龙开始放松地和太后拉家常,太后渐渐感到轻松,对触龙的警惕心理也渐渐减弱。

触龙说:"臣已经老了,臣的小儿子还小,所以恳请太后让他进宫当侍卫。"太后当即答应了,问:"他多大了?"触龙回答:"他十五岁。臣想在离开人世之前,把他交给您。"太后又问:"男人也特别偏爱小儿子吗?"触龙回答:"男人比女人更偏爱小儿子。"太后笑着说:"当然是女人更疼爱小儿子。"借此机会,触龙提起长安君的事情,对太后说:"父母疼爱子女,一定要为子女进行长远考虑和谋划。假如您真的疼爱长安君,您一定要提前为长安君谋划,让他为国家建功立业。否则一旦您去世,长安君就会无法立足赵国。"听到触龙的话,太后陷入沉思,后来才对触龙说:"你安排长安君吧。"就这样,在触龙的安排下,长安君乘车带领诸多随从,去了齐国当人质。齐国当即派出援军,帮助赵国击退秦国的进攻。

假如触龙在想要说服赵太后之时,也和其他大臣一样直言进谏,那么非但无法起到良好的效果,反而会导致正在气头上的赵太后对他极度不满，甚至还会危及他的性命。幸好触龙说话并不是直来直去的，而是能够委婉曲折地从自己为小儿子考虑的事情出发，循序渐进地和赵太后说起长安君的问题，从而水到渠成地说服赵太后及早为长安君考虑、谋划，让他有为赵国立功的机会。这样一来，触龙非但解了赵国的危难，也保全了自己，更打开了赵太后的心结。

很多时候，委婉含蓄的表达比快言快语的效果好得多。委婉含蓄的表达方式一则能够表现出说话者的涵养；二则能够让听话者心平气和地倾听，理智地思考；三则因其态度比较温和，因而更容易让听话者接受。假如我们在使用委婉含蓄的方法表达时，再设身处地地为听话者着想，从更容易被听话者接受的角度出发阐述问题，那么表达和说服的效果一定会更好的。

第04章
谨言慎行,把握说话的分寸和行为的尺度

生活中,总有些人自命不凡,他们过于高估自己的实力,也过于低估别人的聪明才智。不管是对于新人,还是对于老前辈,他们都高高在上,不以为然,导致最终得罪无数人,也因为众叛亲离使得生活和事业都遭遇挫折,无法取得很好的发展。现代社会,对人才的要求不仅仅在于能力高,还要智商和情商都高,这样的人才能在社会上游刃有余,为自己赢得好的前途。

性格直爽，不是没有心计

很多人自诩率真，因而说话做事完全凭着本能，根本不会进行理智认真的思考。长此以往，他们变得更加没心没肺。要知道，真诚率性与没心没肺之间是有显著区别的，很多情况下，我们可以真诚率性，却不能没心没肺。现实生活中，很多人都办事鲁莽，哪怕是一件小事，他们一旦经手也会办得纰漏百出。不得不说，这不仅仅是做事习惯的问题，也是为人秉性的表现。

现代社会，尤其是现代职场，竞争非常激烈，每个人要想从人才济济的职场上脱颖而出，除了要提升自己的业务能力之外，还要学会做人做事。正如很多朋友常说的，一个人难的不是做一件好事，而是一辈子做好事。那么对于我们而言，难的不是偶尔做一件惊天动地的大事，而是把每件点点滴滴的小事都做好。这就要求我们不能没心没肺，而更要注重细节。现代社会很多人都知道细节决定成败，所以我们要想获得成功，首先不能马大哈。也许丢三落四会被朋友看作可爱，但是在职场上丢三落四就会被同事理解为能力太低、为人不可靠，可想而知我们的职业生涯会受到多么严重的影响。踏踏实实地做人做事能够改变我们的一生，这绝不是简单说说而已，而是经过无数成功者验证的。

美国福特汽车公司曾经是美国汽车行业的龙头老大，在整个世界都首屈一指，其著名车型"野马"曾创下全美汽车销量的最高纪录。然而，研发出"野马"，后又升任福特公司总裁的李·艾柯卡，当初进入公司纯粹是因为"捡废纸"的细微动作。

当时，刚刚大学毕业的艾柯卡去福特公司应聘，在所有的应聘者中，他的学历是最低的。为此，艾柯卡觉得有些沮丧，甚至断定自己根本没有机会进入大名鼎鼎的福特公司。当他有些绝望地敲门走入董事长办公室时，突然看到进门的地方有一张废纸，他自然而然地弯腰捡起废纸，并且在仔细确认过这确实是一张无用的废纸之后，将其扔进了不远处的垃圾桶里。董事长始终在看着他做这一切。等到艾柯卡自我介绍完毕，董事长当即宣布："欢迎您加入，艾柯卡先生，您已经通过了考核。"原来，董事长正是因为看到艾柯卡捡起那张废纸扔进垃圾桶，才对艾柯卡刮目相看的。

一个人的素质高低不仅仅是看他在重要时刻的表现，还要看他在微小细节中的表现。只有在细节处严格要求自己，而且能够把握分寸，把事情做得恰到好处的人，才是真正脚踏实地做事的人。我们必须从小事做起，认真细致做好自己所面对的每一件事。正如人们常说的"一粒老鼠屎坏掉一锅粥"，我们也要说，唯有正确对待人生的方方面面且不留疏漏，我们才能成就自己。

很多不在乎细节的人总是以细节无关紧要为由为自己开脱。"一屋不扫何以扫天下"的典故告诫人们，一个人假如连小事情都做不好，又如何能够把握全局，铺开人生的画卷呢？要想做好人生中的小事情，我们就必须养成关注细节、把握细节的好习惯。细节决定成败，我们唯有做好每个细节，才能让人生滴水不漏，获得成功。

曾经，有个女孩即将大学毕业，面临着毕业论文的考验。为了提高毕业论文的质量，增加审核通过的机会，这个女孩专门通过其导师找到李教授为她批改论文。这个女孩此前并没有见过李教授，她几经打听来到李教授的办公室，直接敲门问道："请问李某某在吗？"此时，李教授正在办公室里办公，不由得感到纳闷，毕竟从未有学生对他直呼大名。和李教授相见后，这个女孩更是口无遮拦，她大大咧咧地说："原来你就是李某某啊，我是张某某的学生，他让我来找你看下毕业论文。"不难想象，作为堂堂一个教授，被学生这样直呼其名，心里是何滋味。李教授当即毫不留情地说："对不起，你并不配当我的学生，接受我的指点。但凡小学生也应该知道礼貌。

你应该小学都没有毕业吧！"这个女孩被李教授说得脸上红一阵、白一阵，只好拿着论文悻悻地走了。

这个女孩的确不配得到教授的指点，因为她连基本的礼貌都没做到。也许她并非刻意怠慢教授，但是她的行为却明显表现了她的素质低下。很多人都以不拘小节自诩，却不知不拘小节未必是真性情的表现。任何时候，我们唯有注重细节才能把握大局，把事情做到最好。朋友们，不要成为一个没心没肺的人，而要成为一个内心聪慧的人。

与人相处，切莫逞口舌之快

人们之间既是同类，也是对手，人们常常争强好胜，恨不得自己能够打败对方，获得人生的成功。即便是在语言表达上，很多人也会与他人针锋相对，寸步不让，似乎这样就能显出他们超强的能力。殊不知，一时的口舌之快非但无益于他们在别人心中的形象，反而会导致事与愿违。我们必须调整心态，让自己变得平和，这样才能摆正自己的位置，更加从容地度过自己的人生。

生活中，的确有些人巧舌如簧、口才出众，不管是在生活中还是在工作上，都常常把别人辩驳得哑口无言。还有的人嘴巴上的功夫更厉害，简直能把错的说成对的，把死的说成活的。这样颠倒黑白的好口才，真的好吗？现代社会，我们每个人的确需要好口才，也需要提升自身的语言表达能力，但是好口才必须用到该用的地方才能起到应有的效果。常言道："会说的，不如会听的。"很多时候与其争辩，不如一语不发，以事实真相来为自己代言。正所谓清者自清，我们即便口头上不占据上风，也依然能够获得他人的认可和尊重。

生活不是辩论赛，生活有其自身不容置辩的规则和原则。假如我们在生活中总是得理不饶人，或者是无理辩三分，那么我们必然会因此得罪很多人，从而失去朋友，成为孤家寡人。要知道，不管是亲人朋友还是同学同事，他们只是想与我们更好地配合，团结合作，争取获得好的结果，而并非想要在口舌上胜过我们，更没有想要与我们争夺利益。很多事情并不是非黑即白的，因而生活和工作中的很多论辩也是毫无意义的。我们与其成为那个别人口中的能言善辩者，不如低调一些，哪怕在语言上让他人几分，也没有关系。

有一位推销员专门负责推销写字楼里使用的新风系统。为了拿下一座新建的写字楼的订单，他已经与建筑公司谈判了很长时间。然而，每次谈判都如同一场噩梦，因为他根本不像是一个推销员，而像是一个辩论者，总是与建筑公司的负责人展开唇枪舌剑的争辩。每当对方指责他的产品不够好时，他马上反唇相讥，绝不会有丝毫退让。为此，虽然他们之间已经进行了数次谈判，但是却毫无进展。

推销员对此感到很迷惘。他觉得建筑公司实际上是想使用他的新风系统的，要不然也不至于几次三番与他谈判。但是对于谈判总是陷入僵局的问题，他没有任何思路，也不知道如何解决。为此，他特意求教一位经验丰富的前辈，前辈告诉他："不要咄咄逼人。"随后，前辈带着推销员一起来到建筑公司谈判，和以往一样，建筑公司再次先发制人，接二连三地提出了很多尖锐的问题。正当推销员按捺不住准备再次反唇相讥时，前辈以眼神制止了他。建筑公司的人说得口干舌燥，再加上当天雾霾比较严重，室内空气很污浊，难免使人感到窒息。正当建筑公司的人烦躁不安时，前辈突然笑眯眯地说："在这样的雾霾天气里在密闭的空间开会，空气的确使人难以忍受。安装了我们的新风系统后，这一切都会得以解决，诸位的肺也会得到更好的对待。"这时，建筑公司的人才开始认真考虑安装新风系统的问题。只用了半个小时，他们就决定签订购买协议，并且要求推销员马上安排安装。

事例中的推销员之所以几次三番推销失败，就是因为他一味地逞口舌之快，逞口舌之强，导致与建筑公司的谈判变成了一场辩论赛，根本没有人真正关心新风系统本身。如此本末倒置对于推销工作无疑是很大的阻碍。前辈之所以马到成功，就是因为他很清楚必须让建筑公司的人更多地把注意力集中在空气质量上，从而意识到安装新风系统迫在眉睫。

人人都有好胜心理，假如我们总是与别人以硬碰硬，一决胜负，那么我们或许能够赢得口头上的胜利，却真正地输掉了想要促成的事情。毕竟我们最想得到的是圆满的结果，而不只是形式上的暂时领先。现代社会，人与人之间的分工与合作越来越密切，不管是生活中还是职场上，人们之间难免会发生小小的误会和摩擦，这完全是合理的。有些胸怀宽广的人很快就能忘记小小的不快，但是对于心胸狭隘的人而言，这些不快很容易导致心中的结。很多朋友为人处世心浮气躁，总是喜欢在口头上占上风。殊不知，忍耐是非常重要的，既然我们自身都不能十全十美，那么我们也必须学会礼让他人、宽容他人。

你不必理会那些捕风捉影的谣言

有人的地方就有江湖，有人的地方也必然会有谣言。学会处理谣言对于成功经营人际关系是非常重要的。曾经有机构专门对职场人士进行调研，研究他们如何看待职场谣言，最终的结果却使人啼笑皆非。在这场调查中，研究者们发现，有相当一部分上班族之所以坚持上班，就是为了每天能够进入流言蜚语的中心，从而听到更多的小道消息。这个理由真的让人大跌眼镜，我们也从此可以看出很多人都喜欢打探消息，探听他人的秘密，也心甘情愿成为流言蜚语传递的一环，为推动流言蜚语的迅速传播贡献自己的一份力量。

人的一生总是伴随着是是非非，正如有句俗语说的，"谁人背后不说人，谁人背后无人说"。每个人都在努力过好自己的生活，同时也为别人的生活提供谈资。实际上，生活中很少有真正的大是大非，很多时候人们之所以表现不同，只是因为他们的选择不同而已。因此，我们完全无须以是非评判他人。当事情与我们无关的时候，我们可以在心中默默分析，但是最好不要把自己的主观意见说出来。

现代社会，人与人之间的关系越来越密切。在人际交往中，几乎每天都有摩擦和矛盾发生。我们必须记住，我们不是上帝，也不是救世主，我们既不能充当评判者和裁断者，也常常无法真正帮到他人。我们必须置身事外，同时管好自己的嘴巴，给予他人更多的空间去解决自己的问题。正所谓"是非终日有，不听自然无"，我们要成为智者，让是非在我们这里终止。这就是我们对待谣言最好的方式。

很多人总是自以为是，觉得只要自己耐心解释，谣言的传播就会终止。殊不知，谣言是越描越黑、越传越多的。我们仅靠自己的一张嘴根本无法真正说清楚真相。而且很多谣言具有"黏性"，一旦你和它扯上关系，你就会成为它的主人，成为他人的谈资。人生中真正的强者，总是更多地关注自己的内心，从而让自己动力满满地行走于人生之路。人人都有自己的工作和事业，人人都对成功梦寐以求，所以当我们做好自己的事情，走好属于自己的人生之路，从流言蜚语的中心脱身而出时，也就能够远离谣言。谣言的力量是强大的，它就如同一个旋涡，一旦我们不能明哲保身，就会被拖入旋涡之中，无法自拔。所以，我们必须慎重对待谣言，绝不轻易以身犯险。

刘敏原本是某公司的人力资源负责人，但她一直对原公司不满意，因而骑驴找马，找到了一份更好的工作，即将去一家更有实力的公司担任人力资源负责人。然而，在交接工作的一个月时间里，刘敏在原公司里发泄出了自己心中所有的怨愤。她不但夸大其词地说了很多关于上司和同事的坏话，而且还恶意地泄露公司里很多人的薪资信息，导致同事愤愤不平，有些没有拿到高薪的同事还对上司产生了极大的意见。可以说，一石激起千层浪。在刘敏离职之前的这段时间里，这家公司简直鸡飞狗跳，人人都心怀不满，都视那些薪水比自己高的人为眼中钉、肉中刺。还有几个同事为此愤然离职，让老板措手不及。刘敏对于自己的强大能量自然感到满意，也终于获得心理平衡，就等着去新公司报道。

然而一个月之后，当刘敏做好准备到新公司报到时，却被告知对她的聘用取消了。刘敏不知道自己哪里做错了，也不知道问题的根结到底在哪里，为此她想方设法打听消息。最终的真相让她追悔莫及。原来，人力资源工作对于每家公司都是很重要的，人力资源负责人更是掌握着公司的很多秘密。刘敏在离职前把老东家搞得鸡飞狗跳，早已经在业内出了名，新公司心有余悸，很怕刘敏未来在结束工作时还会故技重施，因而宁愿放弃聘用刘敏。

刘敏自作聪明，在离职之前把原公司搞得天翻地覆。殊不知，这个世界既很大，也很小，尤其是同业的圈子，有一点点的风吹草动都会传得尽人皆知。任何时候，我们都要给自己留有后路，留下回旋的余地，才不至于把自己逼上绝路。刘敏利用流言蜚语的力量发泄心中的恶气，但是她也最终被流言蜚语伤害，失去了好端端的工作机会。相信她一定会从中汲取经验和教训，不会再犯这样低级的错误。

人具有极强的主观性，因此在看待其他的人和事时难免带有强烈的主观色彩。也许有些朋友会说，我们要做到尽量客观公正。但是实际上，客观公正并不绝对，而且即便我们再怎么努力，也无法完全克服自己的局限性而从全局的角度考虑问题。所以，我们必须管好自己的嘴巴，避免那些带有浓烈主观色彩的评论从我们的嘴巴里说出来。曾经有个电视台做过一个实验，即让10个人站成一个队伍，第一个人想一句简单的话，小声告诉第二个人；从第二个人开始，每个人都对后一个人"咬耳朵",重复他从前一个人那里听到的那句话,声音不能让第三者听到。等到这句简单的话传到第10个人耳朵里时,已经面目全非,与本来的意思差之千里。即便10个人排队站立这样口耳相传,语言都会如此失真,可想而知谣言在传递的过程中会产生多么大的变形,我们也由此可以想象谣言会对这个社会造成多么大的危害。我们虽然无法控制他人传播流言蜚语,但是我们却可以更好地管理自己,让自己成为终止谣言的智者。

别贬低他人来抬高自己

在人与人交往的过程中,有些人很尊重他人,有些人却恰恰相反,他们会肆意贬低他人,从而间接抬高自己。殊不知,肆意贬低他人非但无法抬高我们的身份,反而会使我们给旁观者留下不好的印象,从而降低我们的身份。善于交际的人总是尽量在朋友和同事们面前表现出自己优秀的一面,比如他们会用心打造自己的外在形象,也会凭借伶牙俐齿和良好的言行举止提升自己的格调。其实,所谓的抬高自己,也就是竭尽全力表现自己来赢得他人的肯定和赞美的行为,原本是无可指责的,但是我们不能为了抬高自己就肆意贬低他人。假如我们用过于夸张的方式抬高自己,因此给他人造成压力和伤害,这无疑会使人反感。有些人还喜欢与他人比较，以高高在上的姿态小看他人，贬低他人，殊不知这样非但无法突显我们的价值，反而会暴露出我们鄙陋的一面，遭人小看甚至耻笑。

正如人们常说的，不要把自己的幸福建立在他人的痛苦之上，因为这样归根到底是不正确的。和他人比较也是如此，当我们以自身的优点和他人的缺点相比较时，我们就是在以己之长而形人之短，自然无法给人留下好印象。恰恰相反，假如我们能够多为对方考虑，多多夸赞他人的优点，非但不会贬低我们自己，反而能够表现出我们的崇高形象。

张娜和刘欢一起去外地出差，准备为公司采购一批紧俏物资。到达外地之后，她们才发现市场已经缺货，必须等至少两个月才能有货。为此，张娜和刘欢沮丧地打道回府，她们都很发愁如何才能向老板交差。

回到公司，她们一起去向老板汇报工作。张娜首先把外地货源紧缺的情况向老板进行了简单说明，老板也对情况表示理解。不想，刘欢突然对张娜说："娜姐，要不是因为你那天贪睡，导致我们出发晚了，也许还能提前一个小时订货，找到些许货物应急呢！"听到刘欢的话，张娜马上变了脸色，她不高兴地说："你这个人可真逗，你把这么大的锅扣在我身上，我能背得起吗？这本来就没有货了，跟我起床早晚有什么关系呢！"老板听到刘欢的话，马上说："张娜，你可要虚心接受批评啊。你以后必须改正，再出差的时候要早些起床，毕竟情况瞬息万变呢！"张娜当然无法反驳老板，只能吃了这个哑巴亏，但是此后在工作中她始终对刘欢敬而远之，再也不愿意亲近刘欢了。

刘欢在老板面前告状，导致张娜被老板抓住了小辫子。然而，老板并不傻，他也知道刘欢是在明目张胆地推卸责任，因此对刘欢也并没有好印象。虽然张娜没有当场与刘欢翻脸，但是此后却疏远刘欢，不愿意再与刘欢合作，这对于刘欢而言当然是一种损失。为人处世，不管是在生活中还是在工作中，我们都要避免贬低他人。当我们肆意贬低他人的时候，我们非但无法抬高自己，反而会给他人留下不好的印象，得不偿失。我们当然可以抬高自己，但是要挑选恰当的方式。

我们就算对一个人再心怀不满，也不能以伤害他人人格的方式贬低他人，否则我们伤害的就不是他人，而是我们自己。表现自己和贬低他人虽然看起来没有太大的区别，但是其间的关系是非常微妙的，我们唯有把握好分寸，才能如愿以偿地表现自己，同时也能避免伤害他人。从本质上来说，通过贬低他人的方式来提高自己是一种损人不利己的方式。我们唯有避免这样的行为，才能经营好人际关系，也才能得到他人的认可和好感。

凡事留点余地，就是最好的福气

常言道："祸从口出。"人与人之间交流主要依靠语言进行。很多人说起话来不假思索，想说什么就说什么，就像嘴上没有把门的。这种脾气秉性和语言风格，在私底下的场合也许还可以，但却无法登上大雅之堂。试想，如果我们在工作中对同事和客户说起话来口无遮拦，导致工作受到影响，我们又如何能够得到上司的赏识呢？另外，不仅客套的关系需要注意交流的方式方法、做事的分寸，亲密关系也同样需要用心经营，才能加深彼此间的感情。

一个人生存在社会中注定要与他人交流。面对生活中的烦琐事情，我们需要不断与他人交流和沟通，才能彼此了解、获得共鸣。工作中我们更要注意为人处世的分寸，唯有如此，我们才有回旋的余地，才能让自己有更大的空间施展。覆水难收是人尽皆知的道理，我们与其心直口快地说完做完之后再懊悔，不如三思而后行，凡事都给自己留有余地。

很多人说话比较绝对化，其实，这个世界上几乎没有一件事情是有绝对把握的，因为事物往往处于不停的发展和变化之中。不仅如此，以绝对的口吻说话也很容易引起他人的误解和挑剔。假如遇到苛刻的人，他们是一定能够从绝对的话中挑出毛病来的。因此，我们与其给他人挑剔的借口，不如自己谨慎地说话做事，给自己留有分寸，这样就算自己很有道理，也不至于得理不饶人，显得尖酸刻薄。此外，通过留有余地，我们可以获得更大的周旋空间，从而在与对方交流或者相处时占据主动权，避免被动。总而言之，任何时候都不要把自己逼上绝路，除非你想破釜沉舟、背水一战。

　　唐然在一家高档酒店当服务员。这一天，她在为一位外籍客人服务的时候，发现那个客人结账之前居然把酒店的青花瓷餐具装入自己的口袋中。这些青花瓷餐具是酒店的一大特色，而且是酒店专门定制的，价格不菲。这可怎么办呢？直接指责客户，必然会惹恼外籍客人，甚至会使事态扩大，不可收拾；不说的话，餐具丢失，她作为负责人是要承担损失的。思来想去，她想出了一个好办法。

　　她去柜台拿来一套全新的餐具，这种餐具和酒店里使用的餐具完全相同，只不过酒店正在用的餐具是有酒店的标志的，而这种餐具是专门供客人购买，留作纪念的。她真诚有礼地对客人说："先生，您一定很喜欢我们酒店的青花瓷餐具吧。您真有眼光，这些餐具都产自景德镇，很多客人来我们这里用餐，都会爱上这套高雅别致的餐具。不过，酒店使用的餐具带有酒店的名字，看起来略微显得不够美观。我这里有一套餐具是不带酒店名字的，除此之外，与酒店使用的餐具都完全一样。很多客人都会选择购买这样一套餐具带回自己的国家作为珍藏。当然，我们酒店并非专业经营瓷器的，所以这些餐具都是成本价销售,是您在外面买不到的低价格哦!"听到唐然的话,那位外籍客人当即表示要买一套餐具,而且还趁着唐然去帮助他结账的工夫,把装入口袋中的那套餐具放回了餐桌。

通过委婉的暗示,唐然很好地解决了外籍客人私拿餐具的问题。原本,服务员就应当具备处理紧急问题的能力,但是在对待外籍客人的问题上,唐然显然要更加慎重。她的处理方式非常有分寸,既保全了外籍客人的颜面,还给了自己回旋的空间。这样一来,不管外籍客人是否能够意会她的意思,都不至于一下子让事情陷入僵局,由此唐然也争取到解决问题的主动权。

为人处世,不管是说话还是做事,我们都要给自己留有退路。说话不要说得太绝,做事不要做得毫无余地,唯有面面俱到地处理问题,我们才能给人留下稳重踏实的感觉,也会使人觉得非常贴心。现实生活中,很多时候我们会面临两难的境地,诸如当面对别人的请求不知道如何拒绝时,当面对别人的好意自己却丝毫不受用时,我们都必须组织好语言,才能尽力处理好问题。对于想要拒绝的请求,我们千万不要直截了当地拒绝,更不要不假思索地接受,这样或者会伤害他人颜面,或者会损害我们自己。我们唯有拿捏好分寸,才能最大限度经营好人际关系,让我们的人生更加顺遂圆满。

说话的分寸，就是做人的分寸

现实生活中，有很多人性格耿直，说起话来快言快语，根本不过脑子，有什么就说什么，简直口无遮拦。这样的行为习惯在彼此熟悉、亲密无间的朋友圈里当然也无不可，但是如果对待普通的同事、朋友或者上司也是如此，就显得不合适了。毕竟，这个世界上除了父母能够无条件包容我们之外，没有任何人有义务包容和谅解我们。为人处世，我们必须区分时间和场合，还要根据与谈话对象之间的关系，以及谈话对象的身份、地位等，有针对性地调整谈话方针和策略，从而使得交谈更加有的放矢。

一个人要想在社交场合受到欢迎，一定要注意适当迎合他人，营造良好的谈话氛围。但是偏偏有些人与此相反，他们和他人交谈时总是喜欢哪壶不开提哪壶，既扫了他人的谈话兴致，也使得谈话不欢而散。这一点是人际交往的大忌，毕竟每个人的脾气秉性不同，有的人喜欢直来直去，有的人喜欢委婉隐晦。而且，每个人的心理承受度也各不相同，有的人对于你当众嘲笑他们也许不以为意，但是有的人却会因此耿耿于怀，与你心生芥蒂。为了一时的口舌之快而无形中得罪人，给自己处处树敌，是得不偿失的。

明朝时期，大名鼎鼎的画家唐伯虎画艺高超，而他的对门邻居是一位暴发户，因此唐伯虎总是瞧不起邻居。邻居家里有一个老母亲，她有五个儿子。有一天，正值老母亲的大寿，五个儿子齐心协力大宴宾客，想给母亲高高兴兴过大寿。虽然家里来了很多亲朋好友，也很热闹，但是寿宴上却少了些书香气息。为此，几个儿子想到住在对门的唐伯虎是个大才子，能写能画，因而想要趁着这个大喜的日子邀请唐伯虎赴宴，顺便也给老人讨要墨宝。

没想到的是，正当这户人家准备去邀请唐伯虎时，唐伯虎却带着薄礼前来祝寿了。这家人全都喜出望外，马上热情款待唐伯虎。酒过三巡，大家趁着这个机会向唐伯虎讨要墨宝，唐伯虎毫不推辞，当即拿起笔写了起来——对门老妪不是人。看到这句话，现场的气氛一时间凝固了，主人和在场的宾客全都敢怒不敢言。毕竟这是老人的寿辰，怎么竟有人当众辱骂寿星。但是唐伯虎名气很大，所以大家只能压抑内心的愤怒，对他怒目而视。此时，唐伯虎明显感觉到来自四面八方的敌意，虽然他原本是想借机嘲讽暴发户，但是考虑到现场的气氛和时机，他马上灵机一动，接着写下第二句诗——九天玄女下凡尘。看到这句话，大家才如释重负，马上开始赞美唐伯虎的才华。

唐伯虎察言观色，在亲朋好友欢聚一堂为老人庆祝寿辰时，没有不长眼地继续表达对暴发户的轻视，而是话锋一转，把上一句刻薄的话语变成了赞美，他也由此得到众人的称赞。同样一句话，不同的人以不同的方式表达，效果往往大相径庭。甚至，有的时候说话的方式比说话的内容更加重要，因此我们应努力提升自己的语言表达效果，从而让自己学会说话，把话说到他人心里去。

人与人交往的首要原则是真诚，但是真诚并不意味着口无遮拦。一句话会有很多种不同的说法，聪明的朋友当然会选择最佳的说话方式，表达自己的内心和真实想法。哪怕是批评，也不仅仅只有声色俱厉这一种方式，更不应该让批评导致反目成仇。我们唯有真正用心地与人交往，思考语言表达的方式，才能经营好人际关系，才能让我们更受人欢迎。当然，并非任何事情、任何时候我们都要迎合他人。我们最重要的是要分清楚场合，从而根据实际情况调整与人交往的方针和策略。把话说到他人心里去，才能让他人高兴，让在场的人皆大欢喜，我们也才会拥有好心情。

第05章

保护自己，学会隐藏让你在社交中畅行无阻

与他人相处时，虽然心直口快让我们感到浑身轻松，但是更多的时候却会泄露我们心底的秘密，使我们成为他人眼中的"透明人"。毫无疑问，这样的为人处世的方式根本不利于我们保护自己。一个真正明智的人是不会过多透露自己的弱点，把自己完全暴露在他人面前的。

控制情绪，可以保护自己

　　人是情感动物，都有七情六欲，都会产生喜怒哀乐等情绪变化。在生活中，不管是遇到开心的还是不开心的事情，人们的情绪都会马上表现出来。很多朋友都是喜怒形于色的，虽然看起来率真自然，不矫饰、不造作，但是，这样真的好吗？尤其是在现代社会，人际关系越来越复杂，职场上人际交往更是微妙，倘若我们在处理事情的过程中总是毫不掩饰自己的情绪，时而表现出对他人的嫌恶，时而公然对抗他人，那么我们必然会无形中得罪人，从而招致无端横祸。一个成熟且处事圆滑的人很清楚在有些情况下必须克制自己，控制自己的喜怒哀乐，才能避免伤害他人，也避免自己成为他人一眼就能看透的透明人。

　　孩子坦然表达自己的喜恶也许会被称为天真无邪、纯真无瑕，但假如作为成年人的我们还是不知道收敛自己，那么日久天长，就必然会因为直言不讳，招致他人的厌恶。人都是很爱面子的，不管何时，我们既要自尊自爱，也要顾全他人的颜面。唯有如此，我们与他人才能在相互尊重的基础上更好地交往。

人喜欢听奉承的话，因而有很多人一听到他人对自己的赞美和奉承，就会马上喜形于色。殊不知，这样一来奉承者一定会把握你的心理弱点，从而对你进行糖衣炮弹式的攻击。与此相反，假如你是一个很容易动怒的人，那么一定要学会保持表面上的平静，克制自己内心的怒火。很多时候，愤怒并非是强者的表现，而是弱者用以自我伪装的武器。他人会透过我们愤怒的表象，窥见我们内心的脆弱和恐惧。归根结底，和一个一眼就被他人看穿的人相比，喜怒不形于色的人显然更容易震慑他人，也更能够保护自己。这个世界上并非每个人都值得我们倾心相待，我们虽然不可有害人之心，但是也要有保护自己的意识。

张坤大学毕业后进入职场，虽然专业知识很扎实，能力也很强，但是在工作5年之后，与他同时进入公司的新人都得到提拔和晋升，唯独他依然原地踏步。对于自己在工作上的表现，张坤是很满意的。因而，他百思不得其解为何自己始终没有得到提拔。

有一天，部门开月度大会，上司要求每位下属都对自己前一阶段的工作进行总结。张坤抓住这个机会好好地"王婆卖瓜，自卖自夸"了一番。不想，上司对于他的自我汇报内容不以为然，说："张坤，我觉得你对自己表扬有余，批评不足。一个人要想有进步，必须具有自我反省的意识，才能及时发现自己的缺点和不足，取得进步。"听到上司的话，张坤脸色陡变，很不高兴地说："既然您始终看我不顺眼，那么不如您给我指出缺点和不足吧，您一定不费吹灰之力就能说出很多。"听到张坤的话，全场哗然，上司也觉得脸上挂不住，但是却忍住了这口怒气，转移了话题。后来，上司找到张坤工作中的一次失误便把他辞退了。

在这个事例中，张坤最大的错误就在于喜怒形于色，而且言辞尖酸，当着所有同事的面没给上司留面子。其实，有些话放在心里，或找个合适的机会私底下说，会比在公开场合说更好。职场上的人际关系非常复杂，而且很微妙，我们必须用心处理，才能避免失误。张坤为了逞一时口舌之快导致失去工作，这个结果他显然不希望看到，却也悔之晚矣。

现代社会，不管是在生活中还是在工作中，我们如果毫无保留地表达自身的情绪，那么就会被他人一眼看透。如此一来，还如何保护自己不留把柄呢？人们常说，当敌暗我明的时候，我们很难保护自己。不让自己喜怒形于色，恰恰就是把自己放到暗处，从而为自己争取到更多周旋的机会。尤其是年轻的职场朋友们，千万不要一时冲动，否则不但会表现出自己肤浅的一面，还会由此引发各种各样的问题，导致自己陷入被动。

经常发脾气的人内心很脆弱

前文说了我们要学会合理控制情绪，不要喜怒形于色，从而更好地保护自己，以免彻底被他人看穿。这里，我们还要提醒诸位读者朋友，在诸多需要掩饰的情绪中，愤怒是最应该克制的。虽然生活中总是有些使人不愉快的事情导致我们情绪激动，也会惹得我们生气，但是我们必须学会合理控制自己的怒气，从而避免因为愤怒把小事变大，把大事变得不可收拾。

怒大伤肝是中医学的观点之一，由此可见愤怒对于人的健康会产生极大的损害。这也证明了很多人以为愤怒能让自己变得像老虎或者狮子一样有力量的想法是错误的。愤怒非但无法让我们产生威严，反而会使我们被聪明者识破，让他们意识到我们只是不堪一击的纸老虎，只有靠愤怒才能掩饰内心的脆弱。毫无疑问，这样的结果完全违背了我们的初衷。

当然，愤怒是一种正常的心理反应。很多人一旦遇到不合心意的事情，或者受到外界刺激，本能地就会发怒。我们要想克服这种条件反射性的反应显然不容易。人不但有思维、有理性，而且也受到情感的支配，受到情绪的影响，因而我们必须发自内心意识到愤怒对解决问题根本无济于事，而且还会导致事与愿违。我们必须真正变得强大起来，才能不用愤怒掩饰自己，才能保持冷静和理智，更加圆满地解决问题。

作为一家电器公司的客服人员,艾琳每天不知道要接到多少个客户的投诉电话。遇到礼貌的客户,艾琳还能正常交流和沟通,但遇到不懂礼貌又居高临下的客户,艾琳难免会受到许多冤枉气。

有一天,艾琳接到一个大客户的电话,这个大客户从艾琳公司购买了很多空调,安装在办公室和厂房里使用。他打电话是为了投诉空调制冷效果不好,而且发出的噪音很大。在电话中,客户怒气冲冲,恨不得通过电话线揪住艾琳给他赔礼道歉、低头认错,完全是气势汹汹的模样。对此,艾琳始终保持柔声细气、彬彬有礼的语调,耐心和客户沟通。好不容易平息了客户的怒气,艾琳还承诺次日会带着技术部人员早早地去客户公司检查空调的情况,从而给出客户满意的解决方案。

次日,当艾琳带着技术部人员特意赶去客户公司。客户一听说空调的售后人员来了,马上又满脸怒气。这时,艾琳告诉自己:"我的当务之急是让客户恢复平静,所以不管他说什么,我都要面带微笑,争取成为他的灭火器。"在客户喋喋不休地抱怨空调质量问题时,艾琳没有进行任何辩解,而是始终面带微笑地听着。说着说着,客户也不好意思继续指责艾琳了,他当然也很清楚空调质量问题不关艾琳的事情,而是研发和生产部门的问题。为此,他在酣畅淋漓地抱怨之后,情绪渐渐恢复平静。这时,艾琳才请求他允许技术部人员检修空调。后来,技术部人员很快发现了问题所在,原来客户安装空调时有一点小小的失误，只要略微调整下，就可以消除噪音。在处理完问题并且经过客户认可后，艾琳还非常有礼貌地对客户说："很感谢您及时发现空调存在的问题，及时向我们反馈，帮助我们提升空调质量和服务质量。"听到艾琳的话，客户不好意思地说："你们解决问题也很及时，如果有需要，我还会继续购买你们的空调。"

客户之所以发怒，一方面是因为空调的质量问题而使他焦躁，另一方面他也担心空调的售后服务跟不上，所以故意以怒气引起艾琳对于问题的重视。从内心深处来说，客户是有担心的，他也并非真正如同他的怒气表现出来的那么强大。艾琳恰恰是看穿了客户的心思，也明白客户最终的诉求，因而保持隐忍的态度直至最终圆满解决问题。既给了客户足够的面子，也让客户得到了发泄。这样一来，客户在问题得到解决之后，自然会对艾琳感到非常满意，对于该公司及其产品的印象也变得好起来。

当我们自己感到愤怒的时候，我们一定要说服自己保持冷静和理智，这样我们才有时间让自己恢复情绪的平稳，从而避免因为愤怒做出冲动之举。当我们面对愤怒的他人时，我们唯一能够帮助对方恢复平静的方法就是静静地倾听对方的诉说，这样对方才能把心中的怒气发泄出来。如果引起他们愤怒的问题并不十分严重，那么他们在发泄完之后也就不会再继续对问题揪着不放了。适当的沉默能够帮助我们给他人留下宽容、理解和体贴、尊重的良好印象，这样一来问题自然更容易得到解决。人际交往的高手都很善于应对紧急的情况，也知道自己应该处变不惊，表现出宽容大度的胸怀。因而，朋友们，如果我们想要提升自己，就要在平时就注意培养自己处变不惊、镇定从容的气度和能力。这样一来，在面对危急的情况时，我们才能做到从容以对，泰然处之。

哪怕心里苦，也要微笑面对

　　人生不如意十之八九。那么面对人生的诸多挫折和磨难，我们是愁眉苦脸，还是改变一种心态，点亮自己的心情呢？有些人也许会选择前者，毕竟没有人面对苦难会是快乐的；但是成熟理性的人在经过思考之后一定知道，就算我们整日哭泣，愁眉不展，也没有办法改变现状。相反，我们还很有可能因为过于沮丧绝望而无法及时应变，导致事情朝着更糟的方向发展。所以，聪明的朋友不会哭丧着脸面对困难，而是始终保持微笑，以微笑来应对自己内心的苦难，让自己的人生充满阳光。

　　微笑是人类特有的本领，也是人在心情愉悦时的本能反应。正如树木受伤时会流出汁液，动物受伤时会因为痛苦而悲惨地嘶鸣一样，人类具备微笑的天赋也是为了能够通过适宜的情绪表达来应对各种生活事件，从而提升生活质量。

笑声，是人生最好的点缀。不管人生多么难熬，我们都要用笑声驱散人生的阴云，从而给我们的人生带来更多的美好。

出生于浙江宁波的桑兰，12岁就进入国家体操队，16岁获得全国跳马冠军。17岁那年，她准备参加第四届美国友好运动会，却在进行赛前训练时出现了意外：她在跳马时头部着地，导致颈椎骨严重受伤，胸部以下高位截瘫。从此，她从为国争光的"跳马王"变成了高位截瘫的重度残疾者，人生可谓落差巨大。

正值人生花季的桑兰从昏迷中醒过来之后，面对人生的沉重打击，她没有掉眼泪。当伤情稳定，重新出现在公众视野中时，她更是保持微笑，从容面对人生的新境遇。她虽然也痛苦过、绝望过，尤其是在得知自己再也不能跳马之后一度感到彷徨和迷惘，但是她能够积极主动地调整好自己的心态，从而让自己从容应对人生的磨难。经历这场打击，桑兰变得更加成熟，也更加平和。她很清楚，她无法改变命运，只能微笑着迎接命运。她的人生目标从为国争光变成了实现生活自理。平常人很容易就能做到的事情，对于高位截瘫的桑兰而言，变得无比艰难。她咬牙坚持锻炼，只为自己能够早日摆脱依赖他人，独立完成穿衣洗漱等日常活动。

在能够基本自理之后，她从事起体育报道工作。还于2002

年进入北京大学新闻系，专心致志地攻读学士学位。她身残志坚，在北京大学全力以赴地学习，掀开了人生的新篇章。后来，她更是投身公益，做了很多对社会有益的事情。如今的桑兰不但成功渡过人生中最难熬的阶段，而且还拥有了幸福的婚姻，拥有了活泼可爱的儿子。曾经有人问桑兰成功的道路有多远，桑兰回答："人生永远，微笑永远。"

对于正处在青春花季的桑兰而言，没有任何打击比失去健全的身体，把人生禁锢在轮椅上更加残酷。哪怕是一个普通女孩都无法接受这样的致命打击，更何况是作为"跳马王"的桑兰呢！她曾经是运动场上的精灵，如今却不得不被禁锢在轮椅上，以后的人生看似黯然无光。不得不说，桑兰能够坦然面对这一切，微笑着战胜随之而来的一切困难，她的勇气和顽强毅力值得我们钦佩。

任何时候，沮丧和绝望都无法解决我们人生中的难题。当我们万念俱灰地放弃之后，当我们歇斯底里地发泄之后，我们除了变得更绝望之外，还能有什么改变呢？但是难题却依然存在，我们还必须面对。与其这样让负面情绪耗尽我们的能量，不如勇敢面对人生，积极解决问题，以微笑驱散我们人生中的阴霾，让我们的人生在阳光普照中柳暗花明又一村。

掌握社交心理，留下良好的第一印象

现代社会，大学生已经不再是"抢手货"，这是因为随着现代大学教育的普及，每年毕业的大学生越来越多，因而大学生已经不再奇货可居。这样一来，年轻人从大学校园走出来之后，还想凭着大学文凭就找到好工作是非常艰难的了。哪怕已经进入公司，大学生如果没有杀手锏，也是很难在诸多同事中脱颖而出的。这就要求我们除了要做好本职工作之外，还要想方设法突出表现自己，让他人尤其是上司记住自己。这样一来，我们会得到更多的机会，职业发展生涯也会更加顺遂。

虽然人们常说"是金子总会发光的"或者说"酒香不怕巷子深"，但是我们必须留意到，如今的社会环境与这种俗语最初产生的社会环境已经完全不同。曾经闭塞的社会环境使得伯乐必须四处奔波寻找千里马，甚至为找不到千里马而感到烦恼、忧愁。但是现代社会，千里马总是主动送到伯乐面前，寻求伯乐的赏识，那么伯乐还会绞尽脑汁四处寻找千里马吗？伯乐只会坐在家里等着千里马送上门来。人才社会也是如此，用人单位对于送上门的人才都用不完，又怎么会主动发现那些藏在"深深的巷子里"的人才呢？所以，在当今社会，一个人如果不懂得推销自己，一定会导致被埋没，也会丧失许多发展机会。

拥有一份工作的前提是要把自己推销出去。推销行业的工作就不用说了，我们必须首先把自己推销给客户，赢得客户的信任，然后客户才会主动购买我们的产品。即便对于普通工作而言，我们也必须首先在面试的过程中把自己推销给面试官，才能得到面试官的赏识，从而得到聘用。因而，我们必须抓住每一个机会展示自己，这样才能最大限度给他人留下深刻的印象，让他人记住我们。

小连大学毕业后辗转几家公司，始终没有找到合适的工作。直到进入一家二手房经纪公司，他才觉得找到了自己喜欢的工作，每天上班都开开心心的。也许是每个人都有适合自己的行业吧，小连简直后悔自己没有早一些换工作，找到如今自己做起来如鱼得水的这一行。

小连很想在这个行业出人头地，为此，他决定趁着年会的机会让自己一鸣惊人。他主动报名参加年会表演，而且对自己的节目保密，不告诉同事。等到正式举办年会的那一天，他走上舞台，进行了超搞笑的滑稽剧表演，逗得在场的同事、上司和老板全都哈哈大笑。虽然有些同事说他像个小丑，但是他丝毫不在意，他一心一意只想引起老板和上司对他的注意。就这样，在全场爆笑后，小连果然如愿以偿，给每个人都留下了深刻的印象。后来，小连在工作上取得小小成就后，就开始不断通过内部晋升渠道表达自己晋升的意愿，而老板一看到他的名字，就联想起他当时在年会上的表演，因此内心里不由得对他亲近了很多。

小连原本是个默默无闻的新人，借助于年会的机会给老板和上司留下了深刻印象，因而得到了老板的赏识，我们可以预见他未来的职业生涯发展将会很顺利。虽然"酒香不怕巷子深""真金不怕火来炼"，但是现代社会好机会总是转瞬即逝，我们必须学会自我推销，抓住每一个露脸的机会，让自己得到他人的认可和赏识。在机会到来的时候，千万不要因为犹豫不决而错失机会，否则再想得到机会就很难了。

当然，也许有些朋友会觉得自己无法把握住每一次机会，甚至抓住了机会也未必百分之百能够获得成功。但是，现实情况是机不可失，时不再来，我们必须坚决果断，哪怕在失败中汲取经验和教训，也不能眼睁睁地看着机会溜走。曾经有人说出名要趁早，我们也要说，露脸要趁早。唯有让更多的人记住我们，我们才能深入更多人的内心。尤其需要注意的是，我们还要主动出击给他人留下印象，这样才能掌控全局。

不做营销，却要学会推销自己

常言道："疾风知劲草，烈火炼真金。"平常日子里，每个人都按部就班地生活，人与人之间也并无太明显的区别。

然而，一旦遭遇危急时刻，高下立见。真正的强者会抓住机会勇敢表现自己，从而脱颖而出，走入人们的视野。相反，那些在困难面前畏缩的人，则很难走入人们的视野，更无法担当大任。所以，聪明的朋友们，一定要学会推销自己，并且抓住危难时刻的机会勇敢表现自己。

现实生活中，很多人都很低调，还在遵循着谦虚做人的原则。实际上，过度谦虚并非是好事，它会使我们错失很多机会，导致自己被埋没。尤其是现代职场，一个人如果不能抓住机会表现自己、夸赞自己，就会默默无闻，无法得到他人的赏识。人们常以"王婆卖瓜，自卖自夸"形容某些人，实际上这未必不是一种好的自我推销的方法。此外，在与同事或者上司相处的时候，我们也应该把思想放得活络一些，避免过于木讷，也不会因为畏缩导致失去与同事套近乎或者在上司面前表现的机会。

现代职场，人才济济，竞争异常激烈。我们要想尽早跻身于强者之列，给自己争取到更大的发展空间，就要学会自我推销。否则，上司既不是我们肚子里的蛔虫，也不是我们的知心人，如何能够得知我们的真实能力和内心渴望呢？所以，自我推销是非常重要的。退一步而言，哪怕偶尔夸大自己，也比过于谦虚更好。毕竟适度夸大自己也是一种自信的表现，还有希望得到展示自己的机会，但是过度谦虚只会导致我们被埋没，永远没有出头的日子。归根结底，一个人只有才华，是很难在现代社会立足的，我们必须抓住一切机会表现自己，才能尽早表现自己的能力，也才能让自己尽早被赏识。而且，在经济飞速发展的今天，一切都以效率为准，我们如果深藏不露、忸怩作态，上司是不可能有时间与我们玩猜谜语的游戏的。我们必须更加坚决主动，才能在激烈的竞争中率先走入关键人物的视野，抢占先机。

小凯进入公司已经五年了。在这五年的时间里，他工作上兢兢业业，也的确做出了一些业绩，但是却始终没有得到提拔和晋升。眼看着很多比他晚进入公司的人都得到了晋升，他却总是原地踏步，他心里也很着急，但是绞尽脑汁也不知道问题出在哪里。

前段时间，小凯作为经验丰富的技术人员、小组里的技术骨干，和几个同事一起完成了一项很重要的项目。和以往一样，小凯不愿意找上司汇报工作成果，因而让小组里一个能说会道的同事担当汇报工作的大任。那个同事当然很愿意面见上司汇报工作，毕竟主动权掌握在他的手里，他就可以把自己在完成项目过程中的功劳说得更大一些。果不其然，没过几个月，公司内部调整，这个同事顺利得到上司的推荐，得以晋升。小凯实在忍不住，对着自己一个在其他公司当人力资源主管的同学诉苦。在得知事情的原委后，老同学不由得责怪小凯："你得不到晋升，完全怪你自己。"小凯不知所以，老同事接着说:"你想想啊,这五年的时间都被你浪费了。作为新人时,你低调做事当然是可以的;但是现在你是老人,而且还承担了项目中的主要工作,你为何不去向上司汇报呢?所谓'干得好不如说得好',你呀,付出那么多,却被别人得了成果。你要是继续这样下去,早晚有一天会后悔的。"同学的话让小凯陷入深深的沉思,他觉得同学的话很有道理,因而痛定思痛,决定改变自己。

现代职场不需要"老黄牛",因为人才实在太多,每个人都挤破脑袋想凑到上司面前表现自己,所以上司根本无暇注意老黄牛。一个人要想在现代职场出人头地,必须进入上司的视野,而且要在勤奋工作之余,想办法在上司面前为自己表功。正所谓"干得好不如说得好",很多时候的确如此,干得再好,也不如好好向老板汇报工作,抓住机会在老板面前推销自己、夸赞自己来得效果显著。为此,我们必须向很多职场人士阐明一个误区:职场上如果你不愿意与上司打交道,也不愿意向上司汇报工作,只想踏踏实实做好自己的分内之事,那么你是不会顺利晋升的。因为在你们推掉向上司汇报工作的机会时,你们也就把晋升的机会让给了别人。所以,再得不到晋升,你也就不要感到莫名其妙而抱怨了。

需要特别指出的是,现实职场上,很多人对上司只会唯唯诺诺,而不敢提出自己的意见或者建议。这样做虽然避免了得罪上司，但是也使自己变得毫无特殊之处。在这种情况下，我们与其成为无为的中庸之辈，不如保持自己的主见和特色，给上司留下深刻的印象。

与人交往，需要多留个心眼

人与人交往之间有个临界距离。所谓临界距离，就是指人们相处的时候不可逾越的那条线，不能更加亲近的那个度。正如我们前文所说的，距离产生美，我们只有与他人保持好临界距离，才能恰到好处地营造与他人之间的美感，才能让我们与他人的交往更加和谐顺利。细心的朋友们会发现，古今中外，大凡成功人士都有一个共同的特点，即他们很善于与他人保持适度距离，从而为自己营造神秘感，使别人无法参透他们的内心。如果用一句歌词来表示，神秘感就是"雾里看花，水中望月"的感觉，这种感觉不那么真切，而且很朦胧，使人根本无法看透。这样一来，我们自然会对人们充满诱惑力，人们也会对我们充满期待。

三国时期，司马徽告诉刘备："卧龙，凤雏，得一可安天下。"后来，刘备通过很多途径又听说过诸葛亮的大名，但是他始终没有得见诸葛亮的真面目，因而对诸葛亮更加充满期待。正因为这样的铺垫，刘备后来才会带着张飞和关羽三顾茅庐。

为了请诸葛亮出山，刘备接连两次带领张飞和关羽去拜访诸葛亮。但是，他们并没有如愿以偿地见到诸葛亮，可以说是乘兴而去，失望而归。我们已经无从得知诸葛亮不在家的原因和目的，也许是诸葛亮刻意为自己营造神秘感，也许仅仅是机缘巧合。总而言之，诸葛亮的确因此成功营造了神秘感，对刘备更具吸引力。在两次拜访皆没有见到诸葛亮的情况下，刘备更加憧憬着见到诸葛亮。正所谓得不到的才是最好的，他更想要请诸葛亮下山，辅佐他成就大业。最终，刘备带领张飞和关羽第三次拜访诸葛亮，这才终于得偿所愿见到真人。不得不说，诸葛亮的自我营销术大获成功。

和诸葛亮相比，当时与他齐名的"凤雏"庞统的命运却截然不同。他没有和诸葛亮一样为自己营造神秘感，更没有让自己变得一将难求，而是主动投靠孙权，反而遭到孙权的厌弃。后来他又转投到刘备的门下，最初也没有得到刘备的重用，直到后来情况才略有好转。

朋友们，作为聪明人，我们一定不要把自己毫无保留地暴露出去。正所谓距离产生美，神秘才能产生吸引力，我们只有对别人保持神秘感，才能让自己产生魅力，吸引他人关注我们、成就我们。

我们要想在社会上立足就必须有城府，善于控制自己。一座冰山如果全部露出水面，就不会对船只产生威慑力；当冰山只露出一个角的时候，过往的船只反而会绕得更远，以避开神秘莫测的冰山。如此做人，我们才能对他人产生威慑力，才能够增强自己的力量。尤其是聪明的朋友，如果想要得到他人的尊重，就必须保存自己的实力，掩饰自己的聪明和智慧。当然，这个时代需要适当的自我推销，我们应想方设法让他人知道我们。但是必须注意的是，知道和了解不是一码事。我们可以让别人知道我们，但是却不能让别人过于了解我们。正所谓期望越大，失望越大，当别人对我们期望过高时，一旦我们达不到他们的期望，他们必然很失望。同样的道理，如果我们因为过于贬低自己，表现得自己毫无能力，那也会导致他人对我们失去信心，甚至放弃我们。最好的做法就是，我们要使自己富有神秘感，要很好地掩饰我们的实力，这样他人对于我们才会有不断了解的欲望，也不敢妄下定论。当我们做好这一切的时候，我们还要努力使他人对我们有所期待，从而让我们在他人的期待中逐渐展示自己，得到他人的认可和赏识。

第06章

摆正位置，人贵在有自知之明

俗话说："狗咬吕洞宾——不识好人心。"很多时候，我们明明出发点是好的，想要做好事，最终却弄巧成拙，反而干了坏事。这到底是为什么呢？就像有时候两个好人在一起未必能相处好一样，很多时候我们的好心也会办了坏事。所以，我们必须认识和了解自己，知道自己的能力和分量，才能恰到好处发挥自己的能力，竭尽所能帮助别人。

热爱生活是一种能力

在职场上，年轻人总是被冠以"新鲜血液"的美名，因为有年轻人加入，整个团队会瞬间显得年轻起来，充满朝气。年轻人的确满怀热情，有着让人羡慕的勇气和做事情的决绝信心。犹太学者阿尔伯特·呼巴德曾说："没有一件伟大的事情不是由热情所促成的。"世界知名的某杂志也曾经进行调查，最终证实热情的确对于人的成功有着巨大影响。

人们很难拒绝一个满怀热情的人，因为热情就像一把火，很快就能点燃人们的心灵，使人们产生共鸣。尤其是在社交和工作中，热情更是不可或缺。一个热情的人，身边总是围绕着很多朋友，因而人缘非常好。热情还具有神奇的魔力，能够形成巨大的吸引力，从而吸引更多的人围绕在我们的身边，多多帮助和支持我们。热情还会传染，一个热情的人瞬间就能让他的周围气场变强，影响周围人的情绪，使得每个人都激情澎湃、热情洋溢。在工作中，一个热情的人也能够爆发出积极的正能量，让人们一鼓作气地战胜困难，任何时候都不放弃。尤其是做销售工作，更需要热情来能点燃我们的激情。细心的人会发现，生活中的成功者或者是生活幸福快乐的人总是充满热情。与他们恰恰相反，一些人总是被失败折磨，并非仅仅因为他们能力不足，更多的是因为他们缺乏热情作为吸引人的媒介，所以他们的人生过于冷清，缺乏朋友，也缺少机遇。当然，热情必须是源自内心的，伪装的热情并不能支撑我们在人生路上战胜一切坎坷与磨难，勇敢前行。

小辉已经读大四了。和大多数同学一样，在这一年中，他除了准备毕业论文，就是四处奔波找工作。小辉是学习营销的，因而他想在毕业后从事销售工作。遗憾的是，他接连面试的好几家公司都要求应聘人员必须有销售经验。对于还未真正走出大学校园的小辉而言，这简直是强人所难。

这个周末，小辉和同学结伴来到人才市场，这里正在举办年度最大的一场招聘会，来参加招聘的企业非常多。小辉在招聘会上漫无目的地走着，突然被一个激情澎湃的声音吸引住了。他循声走过去，了解到说话人所属的公司正在招聘销售人员。虽然这家公司的展报上也明确写着要求应聘者有销售经验，但是小辉就是迈不动腿离开。他一直目不转睛地看着演讲者，全神贯注地倾听着演讲者的演讲。直到一个小时之后，演讲者终于讲完了，小辉情不自禁地鼓起掌来。他对演讲者说："老师，您讲得太好了，简直激动人心，我从未见过像您这样有热情的人。"那个演讲者也赞许小辉，说："一个小时的时间里，听众来来去去，只有你一个人满怀热情地听我演讲完。我也从未见过像你这样眼中燃烧着热情的人，我从你的眼睛看到了你的心灵。"小辉听到演讲者的赞赏，不好意思地说："可惜，我不符合贵公司的招聘要求，不然我一定要拜您为师，能在您的引领下走入销售的殿堂是我的幸运。"演讲者听到小辉这么说，马上告诉小辉："没关系，只要你有热情，我就欢迎你加入。热情永远都比所谓的经验重要得多。"就这样，小辉顺利找到了自己心仪的工作，而且还遇到了优秀的老师引领他走入销售的殿堂。

眼睛是心灵的窗口，一个人的眼睛是不会撒谎的。小辉的眼睛里灼灼燃烧着来自他心灵深处的热情，正是这份热情感动了那位优秀的演讲者，也让小辉得到了自己梦寐以求的工作机会。

需要补充的一点是，年轻人的热情应该是从心底涓涓流淌出来的心灵之歌，虽然灼热，却不会伤害身边人的感情。现代社会，我们可以充分发挥自己的能力，表现出自己的优势，从而顺应形势，成就自我。然而，一个人表现自我必须在合适的时间、场合，而且还要选择恰到好处的方式。唯有如此，我们才能把自己的热情发挥到极致，从而点燃我们的生命。

做人，贵在有自知之明

所谓人微言轻，顾名思义就是一个人的身份地位很低，所以说出的话也轻飘飘的，毫无分量。当然，现代社会中，每个人从人格上来说都是平等的。但在相对的意义上，人们所扮演的社会角色还是存在高低之分。诸如在生活中，人们通常还是遵从儒家文化中的伦理秩序，亲戚之间长幼尊卑定义严明，晚辈必须尊重长辈，长辈也必须表现出长辈应有的尊严和威仪。再如，在职场上，面对上司，我们还是要给予其足够的尊重。包括那些年纪比我们大、经验更丰富、专业能力更强的老同事，我们也要给予他们应有的尊重。但是如果情况相反，是我们作为长辈或者上级，那么我们也要谨言慎行。与"人微言轻"相对，当我们辈分高、职位高，我们自然说话也更有分量，更容易给他人造成影响，所以我们一定不要滥用这份权威，而要谨言慎行。

当然，我们这里要重点讨论的还是人微言轻的问题。现实生活中，很多朋友虽然知道人微言轻的道理，却不知道如何准确定位自己。他们因为自我感觉良好，就觉得自己是有权威的。实际上，我们首先要做的是认识和了解自己，从而为自己准确定位。意识到自己的身份和地位之后，我们才能理解"人微言轻"对自己而言意味着什么，因而不管说话还是做事都会低调内敛一些，在面对前辈的时候也会毕恭毕敬。

在职场上，假如我们给自己定位过高，就难免会给他人留下肆意张狂的印象；假如我们给自己定位过低，又难免感到自卑，导致无法大胆地表现自己。很多情况下，我们最好的态度就是不卑不亢。这也是要以正确认识自己、定位自己为前提的。

古时候，有个人特别喜欢打猎。为此，他专门养了一条猎狗和一只猎鹰，猎狗可以帮助他追捕受伤逃跑的猎物，而猎鹰非常机警，行动敏捷，二者配合能使打猎事半功倍。每次打猎，他都带着猎狗和猎鹰出行。当捉到猎物后他都把猎物的心脏赏给猎狗吃，猎狗也总是津津有味地吃掉，还高兴地摇着尾巴。因此，它认为自己在主人心中的位置远高于没有得到心脏的猎鹰。

有一天，这个人又去山上打猎，但是半天时间里毫无收获。突然，他看到草丛里蹿出两只兔子，因而他赶紧放出猎鹰，配合猎狗一起撕咬兔子。这两只兔子吓得魂飞魄散，不顾一切地玩命挣扎。猎鹰虽然也使出了浑身的力气，却总是无法制服兔子。这时，猎狗看准时机，突然猛咬兔子的后腿，但是它因为用力过猛，居然一下子咬到猎鹰的脖子，猎鹰当即死了。猎狗不知所以，还以为自己咬死了猎鹰也能立下功劳，因而跳来跳去地走到主人面前，摇尾乞怜。主人却伤心地流下眼泪，要知道这只猎鹰可是他辛辛苦苦养了很久的啊！看到猎狗得意的样子，主人一时冲动，居然抬脚把猎狗踢得远远的。事后，这个人也非常后悔。他懊悔地对妻子说："假如当时猎狗能够知道自己犯了错误，躲到一边，我也就不会盛怒之下不顾一切地踢它一脚了。"

　　猎狗虽然在平日里得到主人的宠爱，但是它并不会因此就比猎鹰高一级，它与主人之间的尊卑关系也不会改变。也因为猎狗每次都能吃到热乎乎的心脏，所以它忘记自己的地位，还以为主人在它犯了错误之后依然会犒劳它。

　　人贵有自知之明。生活中有很多人对自己估计不足，也缺乏眼力见，总是无法看清楚生活的形势。他们或者自我感觉良好，或者自以为是、妄自尊大。实际上，这么做距离引火烧身已经不远了。聪明人从不逞强，更不会冒着风险没轻没重地说话。就像在职场上，在上司发怒的时候，最好有多远躲多远；假如不知深浅地还要往前凑，只会导致自己成为上司的出气筒。尊重他人的感受，也是尊重我们自己，唯有看出眉眼高低，我们才能避免自己被无缘无故地牵连。当然，如果我们自己犯了错误，就更要虚心认错，不要与上司辩驳。否则，上司一定会因为我们无理搅三分更加生气的。总而言之，认识自己至关重要，及时体察他人的情绪从而做出正确应对也非常重要。

过度称赞，让人觉得虚伪

现代社会人脉资源是非常重要的资源，人际关系也被提升到前所未有的高度。人们都意识到要经营好人际关系的重要性，但是很多人却没有掌握方法和技巧。在与人交流的过程中，我们假如想让人际关系更进一步，就要多多看到他人的优点和长处，从而发自内心地赞美他人。这样一来，他人必然会更加珍视自己的优点，也会因此善待我们。曾经有人说过，改变一个人最好的方法就是发自内心地赞美他。的确，赞美比批评更容易让人心甘情愿地改变。这也是赞美最直接的意义所在。

随着人际关系复杂而微妙，赞美并不应是千篇一律的空洞吹捧，而是一门需要学习的学问、需要琢磨的艺术。我们必须熟练掌握和运用这门学问，这样我们才能随心所欲地让赞美在人际关系中发挥力量。尤其是要想成为一个游刃有余的职场人士，我们更要学会适度地、恰到好处地赞美他人。需要注意的是，凡事皆有度，赞美也不能过度。过犹不及，过度的赞美甚至会被人误以为是讽刺。所谓过度，既包括言过其实、夸大其词，也包括赞美的频率过高，而且特别空洞、言之无物。总而言之，赞美必须有的放矢，而且越具体生动越好。

作为一名汽车推销员，娜娜每天的工作就是与形形色色的客户打交道。娜娜年轻漂亮，性格恬静，而且嘴巴也像是抹了蜜似的，因而很容易赢得客户的好感。

这一天，娜娜接待了一位五十多岁的女士。看到这位女士盯着展厅里最好最贵的车子来回地看，娜娜的嘴巴更甜了："女士，这款车非常适合您。这款车是最新款的SUV，底盘较高，一般身材娇小的女士还驾驭不了呢。"女士笑着看着娜娜，说："难道我很彪悍吗？"娜娜赶紧否定："当然不是。您比较高挑。要是您不说，我刚才还以为您是模特呢，身姿、气质都非常好。"女士听到娜娜的赞美，很受用。这时，娜娜趁热打铁地说："您这么年轻，就能买这么贵的车，一定事业有成。看您的气质，肯定是做大事的。"女士有些惊讶："年轻？我可不年轻了。你觉得我多大？"娜娜斟酌了下，说："您顶多也就四十岁吧。"女士情不自禁地哈哈大笑起来："我儿子都三十多岁，往四十奔了。"实际上，娜娜当然看得出这位女士的年龄，对于自己夸大其词的赞美也曾经有片刻犹豫，但这时她骑虎难下，只好继续吹捧女士："您儿子都30多岁了？天啊，真是看不出来。您看看，您皮肤白皙细腻，身材非常匀称，而且您精神气质都很好，完全看不出来有那么大的儿子啊。您和您儿子走在一起的时候，是不是经常被认为是姐弟俩啊。我想，人们肯定会这么想的。"女士听到娜娜的这一番恭维之词，不由得皱起眉头，有些不悦。她们后来的交谈氛围很奇怪，女士似乎不愿意继续和娜娜愉快地聊天了。

夸赞一个年近六十的女性看起来不到四十岁，这显然有些夸大其词了。但是话既然已经说出口，娜娜骑虎难下，只能继续编造谎言。对于这赤裸裸的奉承，女士当然也有自己的判断。如果说娜娜前面对她的赞美让她觉得娜娜是个善良有趣的女孩，那么后面的那通睁着眼睛说出来的瞎话无疑使她感到难堪和别扭。

过度的赞美、不切实际的赞美、空洞的赞美，都会使人感到不那么舒服。哪怕是同一句话，如果换作不同的方式表达出来也会效果不同，更何况是改变一种方式和方法来赞美他人呢？其实对于年纪大的女性，我们可以忽略她们日渐衰老的容貌，而夸赞她们与众不同的气质和风度。也可以重点关注他们的孩子或孙子，夸赞小孩聪明、活泼可爱等。总而言之，我们要想恰到好处地赞美他人，还要了解他人的身份地位和脾气秉性，才能做到有的放矢。不过，不管夸赞谁，总的原则和方针都是不会改变的：我们要用心，才能把赞美的话说得漂亮，使其达到效果。

办公室里不宜讨论的话题

职场人士都知道，办公室里有很多敏感和禁忌的话题，需要我们避而不谈。其实，这些话题不仅仅不适合在办公室谈，也不适合在任何公开场合谈，尤其不适合与不恰当的人谈。所以，我们要想避免哪壶不开提哪壶，或者避免让我们交谈的人难堪，就必须知道哪些话题是敏感话题，绕开它们，在其他话题上无拘无束地与他人聊天。

如今，很多公司都采取不透明的薪水制度，同事之间根本不知道对方拿多少薪水。这主要是因为同事之间的薪水不平均，甚至有可能相差悬殊，为避免争端，老板特意保密的。在这种情况下，不管是关系多么好的同事都不要主动问起对方的薪水，除非对方主动说。否则，一旦因为同岗不同酬的薪水问题引发了一系列的不愉快，不但同事不高兴，我们自己不痛快，老板也会质疑我们的职业素质。从管理学的角度而言，同岗不同酬是很多老板都会采用的奖优罚劣的方法，这就如同一把双刃剑，用得好，激励效果明显。所以，老板总是对于在办公室里打探薪水的人特别警惕。

办公室不仅是办公的场所，实际上也是流言蜚语的集散地。很多同事集中在一起工作，难免会有闲言碎语，这些话或者关于老板，或者关于同事，总之是关于大家都熟悉的人。毫无疑问，世界上没有不透风的墙。我们在办公室里谈论他人的长短，总有一天会被当事人知道，岂不是得罪人嘛！而且，很多话在传递的过程中都会失去本来面目，朝着更耸人听闻的方向发展，导致当事人心中对我们更加记恨。此外，我们还要避免在办公室里谈论隐私。所谓隐私，当然是每个人不想为他人知道的私事。这么做，一则是为了尊重他人；二则也是提醒我们每个人即使和同事关系再好，也不要把自己的私事透露给同事。现实之中，一些职场人士被人背后下刀子，很多都是因为过于放松，把只属于自己的私事透露给同事，所以才会被同事抓住把柄。正所谓"害人之心不可有，防人之心不可无"，任何情况下，我们都要注意保护自己，不谈论自己或同事、老板的隐私，才能在职场错综复杂的关系中安然生存下来。

小童已经作为行政人员在公司里任劳任怨工作五年了，她经手的每一份文件从未出过任何纰漏。到了年底老板在把年终奖的红包交给小童时，笑眯眯地说："小童，认真干吧，这是特别给你的奖励，你们办公室里其他人的奖金可没有这么多。"

春节放假期间，小童约了同事小李去逛街。两个女孩边走边聊，吃着小吃，不由得渐渐放松警惕。小李突然问小童："小童，你年终奖拿了多少钱？"小童突然想起老板说额外多给她了，因而不想说出实情，只是含糊其词地说："和你们一样多。"小李没有注意到小童的异样，因此愤愤地说："就是，老板可真抠门。去年就给6000块钱的年终奖，今年还给6000块钱，一点儿长进也没有。"听到小李的话，小童如同五雷轰顶。去年，她的年终奖只有5000块钱。今年，她的年终奖也只有6000块钱。原来,老板非但没有多给她钱,反而去年还少给她了。小童气愤不已,又不好当着小李的面说出来,很快就向小李告辞,一个人回家生闷气去了。

虽然小李和小童的交流没有发生在办公室,但是同事之间还是应该尽量避免这类话题。小童因为小李拿的年终奖比自己多,而产生了嫉妒与不平;而对于老板,小童也不再像以前一样忠心耿耿,甚至对工作都懈怠了,因为她的心中有被欺骗的愤怒,也有不平衡的心理感受。"不患寡而患不均"是中国自古以来就有的至理名言,很多人都追求公平,而不愿意被他人不公平地对待。

在同事把话题朝着薪资待遇或者是隐私等办公室敏感话题上引的时候,我们可以抢先打断对方的话。哪怕一时之间找不到合适的转移话题,我们也可以直截了当提醒对方:公司规定不许谈论这种话题。这样一来,对方必然不好继续强求你和他谈论敏感话题。对于追问的人,我们要采取强硬的态度,直接回绝,扭头走开。此外,我们还要注意不要成为流言蜚语的传播者。你若实在闲得无聊,也可以和同事在工作间隙谈谈明星的八卦新闻,这肯定比谈论敏感话题要安全得多,也能给我们减少很多不必要的麻烦。当然,除了办公室之外,特定的场合总会有特定的话题,我们必须提前准备好适宜的应对策略,才能避免说出让人尴尬或者反感的事情来。在我们不了解情况的陌生环境中,或者与陌生对象谈话时,我们只能随机应变,顺势而为,根据情况设身处地为对方着想,才能避免自己说错话。

做人要自信,但不要自负

做人不能妄自菲薄,否则就会失去展示的机会,无法获得成功;反之,做人也不能过于骄傲,给人以自高自大的感觉。生活中,总有些人自以为是,总是当着他人的面吹嘘自己。他们以为这样就能赢得他人的尊重,从而让自己变得更有面子和尊严。实际上,面子和尊严绝不是我们用夸大其词换来的。我们必须尊重事实,客观中肯地评价自己,这样才能给人留下良好的印象,避免招人讨厌。

有些人之所以吹嘘自己,并非是故意吹牛皮,而是因为他们本身对于自己的认识就不够客观公正。古人云:"不识庐山真面目,只缘身在此山中。"很多人自以为了解自己,实际上对自己却非常陌生。他们或许知道自己的优点,却不知道自己有什么致命的缺点;他们或许知道自己的过人之处,却不知道自己有何短处需要弥补。长此以往,他们必然变得狂妄,言语上也就不由自主地张狂起来。因此,我们每个人都应该改掉自高自大的毛病,端正态度,认识自己。这样才能中肯地评价自己,从而也得到他人的认可和尊重。

斑鸠把喜鹊辛辛苦苦筑好的巢据为己有。看着喜鹊可怜巴巴地离开自己的家,斑鸠扬扬自得地问:"你知道谁是所有鸟中的大王吗?"喜鹊欲哭无泪,战战兢兢地说:"您!"斑鸠趾高气昂地飞走了。过了没多久,斑鸠因为对小麻雀不满意,一气之下居然用嘴巴拔光了小麻雀头顶的羽毛。小麻雀变成了秃子,它伤心地哭着。斑鸠骄傲地问:"小麻雀,你可知道所有鸟中谁最大吗?"小麻雀吓得浑身瑟瑟发抖,说:"当然,当然非您莫属啦!"听到小麻雀毕恭毕敬、唯唯诺诺的回答,斑鸠满意地飞走了。

斑鸠非常神气和骄傲,它真的以为自己是鸟中的大王。它整日忙着在森林中飞来飞去,如同大王在巡视自己的领土一样。它不管遇到什么鸟儿,都会验证自己作为百鸟之王的身份。一个偶然的机会,它遇到了老鹰,依然骄傲地问:"老鹰,你见了我这个百鸟之王,还不赶快问好!"说完,它就傲慢地昂着头,等着老鹰的回答。出乎它的预料,老鹰突然扑扇翅膀向着它猛扑过来。斑鸠感受到一股强大的力量袭来,毫无防备地从空中跌落到草丛中。老鹰在它的头顶盘旋着,斩钉截铁地说:"到底谁是百鸟之王!到底谁要向谁问好呢!"斑鸠躲在草丛里,吓得浑身不停地颤抖。

斑鸠仅仅依靠欺负弱小就自封为百鸟之王,显然是自不量力了。真正的强者绝不仅仅依靠嘴巴上的功夫就给自己封名号，他们低调内敛，以实力说话。反之，假如我们无法认清自己，正确衡量和评价自己的实力和不足，而是妄自尊大，那么当真相大白的那一天，我们必然因为自身的弱小而遭人嘲笑。

现实生活中，有一些人喜欢吹牛皮，可吹牛皮是有时效的，总有一天会真相大白。为了避免自找难堪，聪明的人宁愿平时低调一些，在关键时刻让他人对自己竖起大拇指，也不愿意平日里四处张扬，等到关键时刻却掉链子。假如一个人经常吹牛皮，却无法兑现自己的承诺，那么长此以往，身边的人必然会知道他的底细，也就对他不再信任了。就像《狼来了》的故事中，孩子几次三番喊"狼来了"，等到狼真的来了，再也没有人相信他的话了。不得不说，这是做人的悲哀。

不管做人做事，我们都要尊重事实，也要本着对自己和他人负责的态度，不夸大其词。举个最简单的例子，假如朋友求你帮忙办事情，你不假思索地夸下海口，朋友却不知道你是吹嘘，而把所有希望寄托在你的身上。当你食言，朋友知道真相，还能再拿你当朋友看待吗？吹牛皮对于我们的生活和工作毫无好处，只会给我们招致不必要的麻烦。所以，我们必须实事求是、本分做人，才能真正得到他人的尊重和认可。

别总是发不合时宜的牢骚

生活中，总有些人满面愁容，满腹牢骚。究其原因，他们难道真的生活不如意，处处被人欺负，或者是命运多舛吗？其实未必。他们之所以发牢骚，并不是因为得到的太少，而是因为想要的太多，或者是对人对事要求太过苛刻，才会无论如何也无法感到满意。

在现代职场上，竞争越来越激烈，每个人都承受着巨大的压力，很多人在压力下未能调整好自己的心态，对现状不满、对人生失望，变得牢骚满腹。例如，年轻人抱怨自己活儿干得多，但是拿的工资却不如别人高；老员工抱怨自己经验丰富、资历老，却得不到晋升；闲着的人抱怨工作不够充实；忙着的人又说自己忙得要死……假如我们都能把自己的心态调整一下，换个角度看待问题，也许就会有截然相反的感受。例如，年轻人干活多，无形中积累了丰富的经验；老员工得不到晋升，工作上如鱼得水，反而落得清闲，可以多陪陪家人；闲着的人可以多多学习，充实自己；忙着的人可以借此机会提升自己的能力，完善自己……朋友们，意识到问题所在了吗？其实并非命运对你们太刻薄，而是因为你们的心始终愤愤不平。

除了调整好心态尽量少发牢骚之外，我们还要注意，如果非发牢骚不可，也要注意区分场合。发牢骚的过程中，我们发泄的是负面情绪，有可能还会说出一些过激的话。在这种情况下,我们是很容易得罪人的。因而,有些牢骚我们只能在私底下发,除非我们想把事情闹大。否则,肆无忌惮地发牢骚一定会给我们的生活带来很多麻烦和负面影响。

人是情感动物,也是群居动物,感情细腻或者冲动的一群人聚集在一起生活或者工作,必然会遇到各种冲突,因此就产生了牢骚。人们在受到挫折或者遭遇不公平待遇时是最容易发牢骚的。发牢骚看似是在发泄情绪,实际上与我们的心理状态密切相关。当然,情绪宜疏不宜堵,我们无法制止任何人发牢骚,就像我们无法要求任何人不要吃、喝、拉、撒一样。但是发牢骚必须区分时间和场合,也要注意区分对象。面对不同的对象,我们要区分哪些话可以说,哪些话不能说。

盛田昭夫是索尼公司的创始人之一。有一年,有个来自德国柏林艺术大学的才子——大贺典雄到索尼公司应聘。他很有主见,也很有思想,甚至敢于公开和盛田昭夫辩论。对于这个性格耿直、无所畏惧、直言直语的年轻人,盛田昭夫很欣赏,也很器重。原本,人们都以为盛田昭夫一定会给大贺典雄安排一个很好的岗位,却没想到盛田昭夫亲自下令把大贺典雄分配到生产一线上工作,跟随一个老师傅当普通的学徒工。没有人知道盛田昭夫这么做的用意,大多数人都为大贺典雄喊冤叫屈,但是大贺典雄自己却对此坦然对待,绝不抱怨。

一年后,盛田昭夫突然把大贺典雄从学徒工的位置上召回总部,而且提拔大贺典雄成为专业产品经理。这样的举动再次在公司引起轰动,也使得更多的人看不懂这件事情的来龙去脉。直到有一次召开全公司大会,盛田昭夫才向大家揭露了初衷:"产品经理的职位特别重要,必须由熟悉产品制造流程的人来担任。所以,我把大贺典雄直接下放到生产一线工作。大贺典雄表现很棒,在一年多的辛苦工作中,他始终无怨无悔,绝不抱怨,而且尽职尽责、尽心尽力。所以,我最终决定让他坐着'直升机',得到提拔和晋升。"大家这才理解盛田昭夫的苦心,也马上给予大贺典雄热烈的掌声表示祝贺。五年后,才34岁的大贺典雄就成功加入公司董事会,成为全公司最年轻的董事会成员。

换作其他人,也许会对被下放到生产一线当学徒工的命运抱怨不已。毕竟大贺典雄是个高材生,毕业于柏林艺术大学,盛田昭夫对于大贺典雄的岗位分配完全不合常理。实际上,盛田昭夫之所以把大贺典雄发配到最脏最累的生产一线,除了要让大贺典雄熟悉产品的制造之外,也是为了看看大贺典雄如何对待艰难的环境和不公正的待遇。幸好,大贺典雄是很有毅力的。他在一年多的艰苦工作中从不抱怨,更没有发过任何牢骚,反而甘之如饴,踏踏实实做好自己该做的事情。这样一来,盛田昭夫对他更加刮目相看,也更加坚定了让他担任产品经理的决心。

很多人在冲动之下发牢骚，完全口不择言，有什么就说什么，却没有想到说出去的话如同泼出去的水，想要收回是绝不可能的。而且，正所谓"说者无心，听者有意"，我们无心之中所发的牢骚也许在我们不知道的情况下就会被别人用来打小报告，狠狠地参我们一状。这样一来，我们此前就算有再多的付出和成就，也可能会因为这件小事而被抹杀殆尽。所以，除非你想要离开一家公司，否则千万不要随意发牢骚。而且就算你真的想要离开这家公司，也应该采取和平友好的方式解决问题，这样才不至于对你未来的职业生涯产生负面影响。

第07章

心怀宽容,接纳生活中的不完美和不如意

在这个世界上,很多事情并非如同我们想象的那么简单。诸如黑白之间,还有深灰、浅灰等各种各样的灰,我们如果一味地盯着黑白,那么未免太累。的确,生活不是算术题,不是"一加一等于二",所以我们应该调整自己的心态,使自己不管遇到什么事情都能够宽容对待,从而避免偏见,追求真理。

学会拒绝，不做职场烂好人

现代职场，很多人或者因为年轻缺乏资历，或者因为面子薄性格软弱，总是不好意思拒绝上司提出的不情之请。有的时候，他们勉为其难地接受上司分派的任务，却又因为能力不足导致没有圆满完成任务，被上司毫不留情地批评，这样无疑太委屈自己了。

上司虽然工作职务比我们高，但这只代表工作上的分工与我们不同，并不意味着上司高我们一等，更不意味着我们必须时时处处都听从上司的安排。现在职场上，员工对于工作内容的安排有一定的主动权，对于上司提出的超出我们工作范围的不合理请求，我们如果心有余力而且能够圆满完成，当然可以接受下来，等到做好之后就能成为我们的加分项；但是我们如果能力不足，那么千万不要为了照顾上司的面子而强撑着，毕竟如果最终事情搞砸了，挨批评的还是我们。退一步想，与其等到未来把事情做坏了再挨批评，不如现在就委婉拒绝上司，从源头上避免问题。

不管是在生活中还是在工作中，我们都要学会说"不"。这不仅意味着要在应该拒绝的时候不迟疑地说"不"，也意味着要把握好说"不"的方式和方法。因为"不"是个负面词语,而且带有强烈的感情色彩,所以我们在对上司使用这个词语时,一定要避免咬牙切齿的表情,否则就会加重这个词语的负面色彩。相反,我们可以面带微笑,语气亲切,从而减弱这个词语带给对方的不舒服感觉,使对方心平气和,更容易接受我们的拒绝。当然,除了调整表情之外,我们还可以找一些合情合理的理由,这样上司面对我们的拒绝也就无话可说了。总而言之,拒绝上司没有必要义正词严,更没有必要因此与上司成为仇人。其实,不仅仅针对上司,面对其他人的不情之请时,我们也要尽量拒绝得委婉含蓄,给对方台阶下。正如人们常说的"买卖不成仁义在",我们虽然没能帮助上司或者其他人,也没必要因为言语过激而失去他们这些朋友。

富兰克林·罗斯福在当选美国总统前,曾经在美国海军军部担任重要的职务,因而他知道很多别人不知道的国家机密。

有一次,有个朋友在与罗斯福偶遇之后,特意装作漫不经心的样子向罗斯福打听消息,问罗斯福美国海军是否真的准备在加勒比海的某个小岛上建立潜艇基地。对此,罗斯福感到很为难,因为这是国家机密,哪怕对家人也不能透露。但是,他又不好意思直截了当地拒绝朋友,因而他故弄玄虚地环顾四周,然后又把声音压得低低的,问朋友:"你能保守这个秘密吗?"朋友当即毫不迟疑地说:"放心吧,我能。"这时,罗斯福突然笑着说道："我和你一样，我也能。"朋友马上领悟了罗斯福的意思，不再继续追问了。

在这个事例中，罗斯福不好意思拒绝朋友，因此采取委婉的方式告诉朋友"己所不欲，勿施于人"的道理。既然朋友能够保守这个秘密，那么罗斯福作为海军军部的重要官员，当然更要以身作则，坚决不透露国家机密，影响国家安全。不得不说，罗斯福这个方法非常好，在轻松幽默的氛围中就拒绝了朋友，又没有伤害朋友的颜面，这充分表现出罗斯福与人相处的高超艺术。后来，罗斯福去世多年后，他的这位曾经试图打听国家机密的朋友，还经常讲起这段有趣的事情。

拒绝他人的时候，尤其是拒绝上司的不情之请时，我们最重要的是做到对事不对人。这样一来，哪怕我们在事情上拒绝了对方，但是却不会伤害我们与对方的感情。当然，每个人都很爱惜自己的颜面，我们也可以找一些理由或者借口让对方有台阶可下，不至于让对方因为被我们拒绝而陷入尴尬和难堪之中。此外，我们还可以采取拖延的方法拒绝他人，这样我们无须直接把拒绝的话说出口就能达到拒绝的目的，他人也会在没有听到拒绝之词的情况下就了解我们的心意，可谓彼此安好。

放轻松些，敏感多疑只会徒增烦恼

生活中，有很多人都属于大大咧咧的类型，不管什么事情，都丝毫不放在心上，哪怕有了烦恼忧愁也总是往脑后一丢。毫无疑问，这样的人较容易获得幸福快乐，这完全是由他们的性格和心态决定的。与他们相反，另一些人心思细腻，神经敏感，完全无法对他人说的话放松下来。他们生性多疑，而且喜欢幻想，总觉得自己的一举一动都被他人看在眼里，被他人评价。为此，他们宁愿辛苦地"端着"，也不愿意放松自己，尽情享受生活。举个最简单的例子，一个女孩如果过于在乎自己在他人眼中的形象，那么哪怕是衣服上有了块小小的不起眼的污渍，她也会精神紧张，生怕别人对她说三道四。或者鼻子上起了个脓包，她也总觉得自己不管走到哪里都被他人注视。如此一来，她还如何做到轻松快乐地生活呢？实际上，别人并不会如此关注我们，很多"备受瞩目"的场景只存在于我们心里。只要我们心里想开了，放下了，我们就会发现并没有那么多人关注我们的一举一动，也没有那么多人时刻盯着我们看。

神经紧张的人也很多疑。看到别人说话，他们会想当然地认为别人是在背后议论自己，因而对别人充满敌意；看到别人结伴而行，他们也会觉得别人是在故意孤立他们，因而提心吊胆、怨声载道，也更加疏远他人。他们做事情的时候犹豫不决、瞻前顾后，无法干脆利索、充满勇气地面对生活。所以我们说，一个人过度敏感并非好事，反而会给自己的生活和工作带来很多的烦恼。

神经紧张、过度敏感的人，大多数都是因为自我意识太强。他们总是以自我为中心，所以理所当然地认为他人也在时刻关注他。现实中，虽然很多人都希望自己成为人中龙凤，受到万人敬仰和瞩目，但实际上，这只是一个美好的想象而已。一个人要想出类拔萃，不经过一番刻苦的努力是很难真正实现的。我们唯有付出长久的努力，坚持不懈，才能如愿以偿获得万众瞩目。然而，人的神经不可能永远紧绷着，就像琴弦绷太久了会断掉一样，人的神经绷紧太久，也会不堪忍受。有的时候，我们如果过度紧张，整日神经兮兮的，还会招致他人的嘲笑。如此一来，我们必然变得更加紧张，由此导致人际关系也陷入恶性循环之中，结果更加糟糕。聪明的朋友会调整好自己的心态，认清自己真实的位置，同时也安排好生活的节奏，劳逸结合，轻松愉快地奔向人生的最终目标。

乔乔是个非常优秀的女孩，原本她应该有个非常美好的前途。但是她却因为神经敏感、容易紧张的性格特点，而在大学毕业后频繁跳槽。转眼之间，五年的时间过去了，她的那些同学不管当初进入大公司还是小公司，全都做出了一番成绩，唯独她刚刚跳槽到一家新公司，再次成为新人。

在毕业五年的同学聚会上，大多数同学都非常亲热，诉说毕业后的各种感慨。唯独乔乔，独自坐在角落中。每当听到聚集在一起的三五个同学哈哈大笑时，她就想当然地认为对方一定是在嘲笑她一事无成，嘲笑她是全班混得最差的。在这种思想的折磨下，她居然在聚会进行到一半的时候就要退场。后来，一个同学劝说乔乔："老同学，大家好不容易聚在一起，你可不要扫兴啊！"原本，这个同学只是想挽留乔乔，所以才会以这种半开玩笑的口吻和乔乔说话。不想，乔乔马上一本正经地反问："我是不是特别不合群，大家是不是从来都不喜欢我？"看到乔乔严肃的表情，同学这才意识到这个玩笑话对于乔乔并不合适，因而马上解释："当然不是。你可是我们班的大才女啊，你都不知道当年班级里有多少男生喜欢你呢！"乔乔不由得脸红起来，说："你可不要拿我开玩笑，我当不起。"看到乔乔如此紧张和敏感，这个同学又简单寒暄了几句，就离开了。乔乔也很快离开会场。然而，她敏感多疑的个性使她在哪里都无法融入，工作和生活因此频频走入困境。

不管是在生活中还是在工作中，有一颗敏感的心虽然能够帮助我们捕捉到更多的讯息，但是也使我们多了无数麻烦。一个人如果过于敏感，就会处处怀疑别人，甚至经不起任何风吹草动。然而，生活中总是有无数的意外需要我们承担，面对生活的大起大落，我们也常常情绪波动。在这种情况下，我们必须降低敏感度,让自己的神经变得大条起来,这样才能最大限度保护我们的内心,从而让我们更坚强地面对人生。

另一方面,盲目地怀疑别人也很容易破坏我们与他人的情谊。如果我们戴着有色眼镜看人,把所有人都想象得很坏,就会倾向于从负面解读他人的言行,从而导致我们与所有人都有隔阂,我们也就会失去所有人的信任。这样一来,我们与他人之间还谈何友谊呢?此外,神经敏感还会刺激我们的自尊心,让我们变得更加神经质。朋友们,我们应该记住,一个人只有坚守自己的内心,不因为外界的人和事影响自己的情绪,才能更加平心静气地生活。所以,让我们成为一个心胸宽阔的人吧!相信我们一定会在人生中收获更多的幸福、快乐乃至成功!

时间长了才能看出人心的好坏

常言道:"路遥知马力,日久见人心。"虽然心理学知识告诉我们,第一印象是非常重要的,但是我们更应该明白,短暂的接触并不能帮助我们真正了解他人。要想打开他人心扉、走入他人的内心深处、与他人更好地交流和沟通,我们必须学会长久地观察和用心感受,才能使我们的判断最接近事实真相。

当然,我们无法否认第一印象的重要性,因为人们总是情不自禁地以外表来判断他人，这是一种本能反应，也无可厚非。但是，如果我们仅凭第一印象就对一个人下定论，那么无疑有失偏颇。毕竟，很多时候我们看到的和听到的未必是真的，事实的真相还掩藏在层层迷雾之中，要靠我们认真分析、细心推断才能真正发现。

从第一印象的角度来看，我们当然愿意看到一个清爽干净的人，而不是一个肮脏邋遢的人。而且，我们看到前者的感觉会比看到后者的感觉好得多。很多喜欢孩子的朋友也会有这样的感受，即喜欢干干净净的孩子，而不喜欢拖着鼻涕的孩子。所以，我们不难得知，在我们的生活和工作中，以貌取人的情况非常普遍，我们也的确无形中受到以貌取人的影响，而且在一定程度上被第一印象左右。既然我们现在知道了"路遥知马力，日久见人心"的道理，那么我们在与他人相处过程中就应该尽量撇开感情因素，不要根据第一印象下结论，这样才能做到慧眼识人。

此外，要想客观公正地评价一个人，我们还要注意尽量抛开偏见。所谓偏见，就是因各种原因导致的对某人先入为主的看法或者是武断得出的结论。俗话说："人不可貌相，海水不可斗量。"假如我们总是以貌取人、先入为主，那么我们必然无法以明智的心看清楚事实真相，我们的双眼也会被蒙蔽。遗憾的是，虽然知道这句话的人很多，但是真正能够遵循这句话的人却少之又少。

唐玄宗在位时，裴宽曾经是润州地方官的下属。当时，润州刺史韦诜有个女儿待字闺中，所以韦诜一直在为女儿物色合适的结婚对象。有一天，韦诜在家里登高远眺，突然发现有个人正在花园里刨土埋东西。韦诜很纳闷，不知道那个人忙活半天到底在埋什么，因而特意向家人打听此事。

家人告诉韦诜："花园里的人叫裴宽。裴宽清正廉洁，从来不愿意接受任何人的贿赂，以免玷污自己的清白。这不，有人刚刚送了一块鹿肉干到他家门口，等他发现的时候，送东西的人早就走远了。他不愿意将鹿肉拿到家里，又无法当作没有这回事情，因此只得把鹿肉埋起来。"听完家人的诉说，韦诜不由得对裴宽刮目相看，并且有心让裴宽成为自己的女婿。

后来，韦诜真的把女儿嫁给裴宽。结婚当日，韦诜的女儿才在帷帐后面看到裴宽的真面目。裴宽又高又瘦，穿着一身绿色的衣服，脖子伸得长长的，看起来就像是一只碧绿色的仙鹤，因而人们都调侃他是"碧鹤"。看到女儿对裴宽不甚满意的样子，韦诜一本正经地交代女儿："父母为了女儿好，一定要为她挑选品德高尚的男人，不能以貌取人。"后来，裴宽果然如同岳父所期望的那样，官至礼部尚书，人们对他有口皆碑。

世界上的万事万物都处于发展变化之中，也包括人。所以，我们在看人的时候要以发展的眼光去看，而不要局限于眼下的表象，因为表象是会蒙蔽和欺骗人的。此外，在与他人相处时，我们也不能急于下结论。我们必须以负责的态度多多观察他人，修正我们对其形成的印象。人们常说"时间是治愈伤痛的最好良药"，殊不知，时间也是擦亮我们眼睛的最好良药。当我们对一个人拿不准的时候，不如不动声色地观察。一个人即使再会掩饰，也无法掩饰一辈子，只要我们有耐心，就总能找到他们的狐狸尾巴，并在时间的流逝中见证他们的本质。当然，花费多长时间才能看出一个人的本质，完全是因人而异的。有的人不善于伪装，也许很快就会被识破；有的人老谋深算，也许能够伪装很长时间。我们要做的就是耐下心来，用心观察，而且要始终保持理性。

低调做人是绝妙的明哲保身

现代社会，人们的生存压力越来越大，人与人之间的竞争也越来越激烈。这就直接导致我们在职场上必须绞尽脑汁地为自己谋划才能生存下来。毫无疑问，职场上的人际关系是最错综复杂的，也是最微妙的。与各层级的领导之间、与同事或者下属之间，形形色色的关系让我们应接不暇。尤其是当事情牵涉到多方利益时，我们就会更加为难，甚至根本不知道自己到底应该如何做。

现代职场，一些公司内部有拉帮结派的现象。作为微不足道的小员工，如果没有人在乎我们还好，可是如果我们一旦陷入各种势力缠斗的旋涡之中，则一定会左右为难。我们谁也不想得罪，更不想因为跟错了人、站错了队，导致自己的职业生涯陷入被动之中。在这种情况下，我们如果因为工作原因不得不与其中一位上司打交道，那么就会更加纠结。其实，在办公室的各种势力中，我们最明智的做法就是保持中立，这样才能左右逢源，不得罪任何人。当然，中立的把握也是很微妙的，唯有保持合适的分寸才能成功，否则就会前功尽弃。此外，我们为了避免被职场上各种明争暗斗的势力误伤，一定要注意千万不能被任何一方误以为是对立方的人。否则，我们就是两头不讨好，最终一定会输得很惨。

我们要想在职场上如鱼得水、游刃有余，就必须搞好人际关系，与每个人都和谐融洽相处。现实生活中，我们常常羡慕某个人的特立独行，他似乎游走于世外，可以和每股势力搭上话，但是又绝不和任何一股势力走得过于亲近。对于这样的人，我们很难将其定义为某个势力团体中的成员，但是奇怪的是，各个势力团体都对这样的人颇有好感，甚至还带着讨好的意味接近这种人。这就决定了这种人不管做人做事都会得心应手，而且还能够得到很多人的认可和赏识。不可否认，这样的人一定是协调高手，所以才能把复杂的关系处理好，也才能保全自己、成全自己。

职场就是是非之地，办公室、茶水间、洗手间等地方更是舆论和谣传的重灾区。为了避免无意中得罪领导,我们要管好自己的嘴巴。当遇到某个同事明目张胆地评判某个领导好而某个领导不好的时候,我们最好不要理睬。否则,很可能有一天那位同事的过激言辞传到领导耳朵里时,就会变成是我们所说的。这样一来,我们无形中就成为某一派势力的"炮灰",也实在是太冤屈了。所以,朋友们,人在职场,一定要谨言慎行,远离是非和谣言,明哲保身,保全自己。

学会低调,脚踏实地走好人生路

生活中,总有些人把自己看得太高,也把自己抬得太高。殊不知,越是把自己抬得高,在遇到挫折的时候,就越是容易狠狠地掉下来,摔得更惨。所以,我们要想避免难堪,就要适度、中肯地评价自己,既避免了盛气凌人,也能帮助自己更好地进步和提升,成就自我。

正所谓"尺有所长,寸有所短",每个人都有自己的优点和缺点。我们不能因为自己的优点妄自尊大,也无须因为自己的短处妄自菲薄。唯有保持平常心,意识到自己可以扬长避短或者取长补短,端正心态从容面对生活,才能脚踏实地地经营好属于自己的人生。

在现代社会,人是没有高低贵贱之分的。每个人的出身可能不一样，这导致每个人的人生起点也各不相同，但是一个人只要奋发向上，坚持努力，就终有一天能够出类拔萃，成就自己。如果一开始就把自己看得太高，在心理落差巨大的情况下，我们会因此心生抱怨。说白了，抱怨就是心理失衡导致的。此外，自视甚高的人还会瞧不起他人，对他人居高临下，这会使我们与他人的关系变得紧张，我们也会脱离"群众基础"，变成"孤家寡人"。就连皇帝都知道"水能载舟，亦能覆舟"，更何况我们这些更需要他人的协助和帮忙的普通人呢！所以朋友们，任何时候都不要过于抬高自己，否则我们就会成为众矢之的，陷入他人的围攻之中。

也许有些朋友会说，才华横溢的人必然锋芒毕露，就算是我们有意低调内敛，他人也会因为我们的杰出成就而关注我们，甚至嫉妒我们。其实不然。才华横溢的人也可以做到低调内敛，也可以做到悄无声息。所谓张扬，一定是出于主观意愿的，所以是否引人注目也取决于我们自身是否张扬。人们常说的"做人要低调，做事要高调"也就不无道理了，因为如此才能有效地保护我们免遭他人嫉恨。

三国时期，曹操挟持汉献帝，在许昌建立都城。为了谋求发展，曹操在全国范围内召集贤良辅佐他。在他人的推荐下，曹操找到了荀攸，并且对其委以重任。

在荀攸担任军师之后，曹操和他的接触更加密切和频繁。

荀攸神机妙算，才思敏捷，因而深得曹操喜爱。不过，荀攸在与那些同僚相处时从来不露锋芒。哪怕在曹操面前，他也显得很沉默愚钝，更不争夺功劳。要知道，曹操生性多疑，而荀攸处于曹操的政治和权力中心，必然要面对各种复杂和残酷的斗争。他之所以能够保全自己，既不得罪曹操、也不惹恼同僚，就是因为他从不恃才傲物，始终表现得胆小怯懦、文质彬彬、低调谦卑。为此，不管其他同僚之间的斗争多么激烈，他们都很少把矛头指向荀攸。在跟随曹操的20多年时间里，荀攸始终屹立不倒，这完全得益于他的生存智慧。因此，曹操赞美荀攸有大智慧。

每个人行走在人生路上，不管境遇如何，一定要牢记低调的原则。不管什么时候，我们都不能连蹦带跳地走路，否则很容易一不留神就被脚底下的石头绊倒。我们唯有一步一个脚印，坚定不移地走好自己的人生之路，才能避免因为盲目冒进而招人嫉恨或受到伤害。

当然，低调做人并非意味着软弱怯懦，在任何事情面前都当缩头乌龟。相反，低调做人的人心里一定是有大主意的。他们很清楚自己应该怎样才能强大起来，也知道如何躲避人生中凶险的暗流和礁石。很多智者都说人生如履薄冰、如临深渊，的确，人生之中有很多难以发现的陷阱和黑洞，我们必须谨慎小心才能踏踏实实走完一生。

第08章

谨慎提防，小心那些容易把你绊倒的小石头

走在大路上，我们常常或者关注道路两旁林立的高楼，或者欣赏远处的重峦叠嶂和美丽景色，唯独忘记留意我们脚下的那些不起眼的小石子。很多时候，我们之所以在人生的道路上遭遇挫折，并非是因为那些非常显眼、不容忽视的障碍，而是因为这些微不足道的小石子。它们更容易让毫无防备的我们摔倒，而且会使我们摔得很难看。

朋友还是敌人，基于利益

常言道："多个朋友多条路，多个冤家多道墙。"的确，在人生之路上，我们因为有了朋友的陪伴和扶持而走得更好；一旦离开了朋友，四处树敌，导致我们人生的路处处都被堵死，我们还如何能够成就自己呢？还有人说，这个世界上没有永远的敌人。在日新月异的今天，这句话是非常有道理的。这句话告诉我们，所谓敌人和朋友并非是绝对的、固定不变的关系。再亲密无间的朋友一旦由于各种原因产生嫌隙，甚至有可能反目成仇。相反，哪怕是见面眼红的敌人，在共同的利益或者其他原因面前，也有可能化敌为友，甚至成为莫逆之交。我们必须认识到，敌人和朋友之间是会相互转化的，关键在于我们如何发挥主导作用，调整自己与他人之间的关系。

英国著名的政治家本杰明·迪斯雷利曾说过："没有永恒的朋友，没有永恒的敌人，只有永恒的利益。"看似世界很大，实际上我们都生活在地球村，那些发誓再也不见的敌人，也许不知道什么时候就邂逅了。"后会有期"并非是一句空话，而是每天都在现实生活中上演。因而，朋友们，千万不要憎恶你的敌人，只要没有不可原谅的血海深仇，我们就不如从敌人的角度考虑问题，更多地谅解敌人。此外，我们也不要因为小小的利益就与朋友反目成仇，因为朋友是我们一生的陪伴，很多时候如果没有朋友，我们会变得寂寞无聊，甚至不知所措。因而，我们必须保持宽容的心态，也更加平和地对待朋友或者是敌人。这么做，我们不但是在宽容别人，也是为自己留下回旋的余地。

有一次，著名的人际关系学大师戴尔·卡耐基去参加一个宴会。参加这个宴会的还有个商人，他曾因为生意上的原因对卡耐基心怀芥蒂，因而他趁着这一人多的机会，居然大发议论，肆无忌惮地抨击、指责、辱骂卡耐基，还编造了很多莫须有的罪名安在卡耐基的头上。正当这个人滔滔不绝地说着时，卡耐基已经悄无声息地到了人群后面，耐心地倾听着他的演讲。宴会主人留意到这个情况不由得心急如焚，他很担心卡耐基一旦无法忍受，就会当面质问那个商人，由此一来主人精心准备的聚会就会马上变得不愉快，甚至还会成为他们唇枪舌剑的战场。

出乎主人的意料，卡耐基始终面色平和地站在那里听讲，就像是此刻正在大庭广众之下受到抨击的不是他，而是其他人一样。那个商人说着说着，突然看到卡耐基就在人群里，不由得心惊胆战，马上羞愧得满脸通红。他不知道如何面对卡耐基，恨不得找个地缝钻进去。但是卡耐基看到他演讲结束，却面色平静地走上前去，热情地握住他的手，似乎自始至终从未听到他说自己的坏话一样。商人的脸时而红、时而白，他结结巴巴，不知道应该和卡耐基说些什么。为了给他解围，卡耐基特意端了一杯红酒给他，缓解他的窘态。次日，商人特意上门拜访卡耐基，感谢卡耐基前一天没有当众给他难堪。从此之后，他不仅和卡耐基尽释前嫌，还与卡耐基在生意上有了更多的合作。当时见证了整件事情的人也给予了卡耐基极高的评价，认识到卡耐基是一个非常宽容友善、心胸博大的人。从此之后，卡耐基的人缘更好了。

一个人无意间发现另一个人正在背后说自己的坏话时，一定会感到非常愤怒。毕竟，无缘无故地蒙受不白之冤是最让人气愤的。但是，卡耐基面对这样的情况却非常平静，这并非因为他不在乎自己的名声，而是因为他聪明睿智，知道与其多树立一个敌人，不如多结交一个朋友。化敌为友是我们征服敌人的最好方式，这样，敌人的一切优势都会成为我们的优势，为我们所用，增强我们的力量，而这远远比我们与敌人针锋相对，最后争得鱼死网破好得多。

实际上，敌人和朋友只是相对而言的关系，就像美与丑也是相对存在的一样。世界上所有事物的存在都是对立而统一的，人际交往也是如此。正如刺猬一样，人与人之间也是离得近了彼此扎得慌，离得远了又无法相互依偎着取暖。所以我们处理人际关系时也必须先抓主要矛盾，再抓次要矛盾，团结一切能团结的力量，最大限度增强我们的实力。当然，这么做的前提是我们必须有一颗宽容友善的心，才能做到"宰相肚里能撑船"。

别被甜言蜜语蒙蔽了双眼

在这个世界上，我们每天都要与形形色色的人打交道，因此人际关系成为任何人都无法回避的问题。人心，是最复杂的。正所谓"画虎画皮难画骨，知人知面不知心"。我们要想打开他人的心扉，就必须学习一些心理学知识来了解他人的心理，以更加贴近他人的内心。然而，并非每个人都是心理学家，也并非每个人都能成功打开他人的心扉。在与人相处的过程中，我们必须坚持一个原则，即害人之心不可有，防人之心不可无。哪怕我们无法洞察他人内心，也要小心防范那些花言巧语的人，以免被他们蛊惑。

有一句俗语说"路遥知马力，日久见人心"。人与人相处，相互了解和认可，绝非朝夕之间的事情。世界上的万事万物都处于不断的发展变化之中，我们也必须以与时俱进的眼光看待他人，在不确定自己真正了解他人之前，不要轻易给他人下定论。"盖棺定论"意思是说必须等到一个人死后才能对其功过是非进行评价，言外之意，在一个人活着的时候，他总是在不停发展变化的，别人不能对他妄下定论。由此可见，评价一个人是很难的，一个人的人生也绝不是一成不变的。所以我们要加倍警惕，不要被花言巧语的人蛊惑，一定要花费更多的时间，用心观察对方，甚至可以在危难时刻考验对方，才能真正确定对方是否值得信任。

狮子统治森林很多年，身体渐渐老迈，体力大不如前。又因为生病，狮子已经连续好几天无力走出山洞去觅食了。因此，它决定利用智谋获得食物，而不再辛苦地四处奔波。想好主意之后，它不再像前几天那样每天去洞口晒太阳，而是躺在山洞的深处大声呻吟。森林里的很多动物都想讨好狮子，因而它们接二连三地来探望狮子。

对于每个走进山洞里的动物，狮子毫不客气，总是以各种办法诱惑小动物们走到它的身边，然后张开血盆大口把小动物吃掉。狐狸当然知道狮子不好对付，但是又怕狮子病好之后怪罪它，因而也怀着一颗警惕的心来到狮子的山洞里。不过，狐狸很聪明，它站在远离狮子的洞口处，无论佯装友善的狮子怎么引诱它，它都绝不往前走一步。狮子不由得生气了，愤怒地说："你是来探望我的，难道你还怕我吃掉你吗？"狐狸笑着说："我当然知道我是来探望您的，也知道您不会吃掉我，因为我离您实在太远了。但是，我很为其他动物担心，因为如果它们不够聪明，就会像我看到的这些有去无回的脚印一样。"说着，狐狸指了指狮子身边的那些脚印，那些脚印在到达狮子身边之后就都消失了，这说明那些小动物全都有去无回。

这个寓言故事告诉我们，对于花言巧语的狮子，虽然它高高在上，是百兽之王，我们依然要保持警惕，否则就会像大多数动物一样葬身狮口。幸好狐狸非常聪明，它怀着警惕之心去探望狮子，在见到狮子之后又认真仔细地观察，最终证实了它的猜测：那些前来探望狮子的小动物都被狮子吃掉了。这样一来，无论狮子如何蛊惑它，它自然都坚定不移，绝不靠近狮子一步。

如今的世界也是非常复杂的，尤其是社会生活中那些错综复杂的人际关系更是使我们感到非常头痛和为难。所以，我们必须认真细心，积极主动，对他人观察入微，把握他人的心理动态，才能想方设法走进他人的心灵，打开他人的心扉。否则，一旦我们被他人的花言巧语迷惑，最终受伤害的只能是我们自己。

别轻视"间接人物"所发挥的作用

人生在世，一个人即使能力再强，也不可能仅凭一己之力搞定所有事情。所以现代社会越来越重视人际关系，人脉也被当作一种非常重要的资源。因此，当我们遇到凭借自己的能力无法解决的问题时，我们可以求助于那些和我们有交情的人，也可以四处托关系找熟人帮助自己。

正所谓"世上无难事，只要肯攀登"。人生遇到再大的困难，只要我们目标明确、全力以赴，就一定能够得到身边人的支持，帮助我们排除万难、获得成功。但是，有些时候我们认识的人未必能够真正帮到我们，那么我们是放弃呢，还是想其他办法"曲线救国"呢？心思灵活的朋友最终会发现，我们如果找不到能够直接帮助我们的人，还可以找那些能够间接帮助我们的人。这些人因为与我们不是直接利益相关的，也许反而更容易接近，也更好沟通和交流。当我们费心找到他们，并且打动他们之后，我们的困境也就会迎刃而解。

也许有些朋友会觉得自己人脉资源少、人际关系差，很难找到能够帮得上忙的人。其实，这种观点完全是错误的。"六度空间"理论指出，一个人平均通过6个中间人就能接触到任何一个陌生人。这意味着，只要辗转几个人，我们就会找到能帮得上我们的人。毕竟在这个世界上，人们并非孤立存在的，错综复杂的人际关系就像是一张大网覆盖着每一个人。

马先生是日本某机电公司的职员。有一次，他作为公司代表与南京的一家五金公司就某种稀有金属的购销业务进行洽谈。为了圆满完成任务，马先生特意登门拜访五金公司，想对五金公司一探虚实。然而，等到他真正走入五金公司的办公室时，不由得大失所望。原来，原本应该整洁有序的办公室里，报纸满天飞，办公桌上除了凌乱地摆放着办公用品之外，居然还有很多脏兮兮的碗筷。那些业务人员或者在聊天，或者在煲电话粥，或者在看报纸，看到马先生全都无动于衷。无奈之下，马先生只得掏出自己的香烟，双手递给那些员工，这才打探到五金公司的负责人不在。随后的时间里，马先生独自等待着，显得很尴尬。有个小伙子也许是看到马先生很难堪，有些于心不忍，于是坐到马先生旁边，和马先生有一搭没一搭地说起话。

马先生如同抓住了救命稻草一般，马上热情地和小伙子攀谈起来。小伙子看透了马先生的心意，赶紧表示自己只是个小员工，根本无权决定这么大的生意，也没有能力促成这么大的生意。虽然马先生不厌其烦地教小伙子如何促成这单生意，但是小伙子接连摆手说："您别说了，这单生意对我没有任何好处，我可不想白费劲儿。"看到小伙子这么抵触，马先生改变话题，和小伙子聊起当下的娱乐明星。果然，小伙子两眼冒光。他还告诉马先生他最喜欢的某歌星下周会在南京开演唱会。这时，马先生说："小伙子，如果你能促成这单生意，我会为你提供演唱会的前排门票。"小伙子有些不相信马先生。马先生看到负责人还没有回来，当即托业内的朋友通过内部渠道购买了10张前排门票。他给办公室里的10个人全都发了昂贵的演唱会门票，要知道这些门票可是有钱也买不到的。整个办公室里的氛围马上改变，大家全都围在一起为马先生出谋划策，告诉他如何才能成功签约。后来，负责人回来了，在大家你一言、我一语的帮助下，这笔生意如愿以偿地谈成了。

马先生虽然和五金公司的负责人拉不上关系，但是他思维活泛，意识到可以曲线救国，因此马上以演唱会的门票笼络负责人身边的这些人。结果，在这些人积极的出谋划策之下，他顺利与五金公司负责人洽谈并签约，圆满完成了工作任务。

商场如战场，为了获得成功，职场人士也真的需要很拼。当然，一味地使蛮劲儿是不行的，除了要尽一己之力之外，我们还要学会利用各种各样的关系，这样才能帮助我们提高效率，事半功倍，获得成功。很多时候，间接人物也会起到我们意想不到的直接作用。所以，朋友们，我们一定要心明眼亮，不要错过每一个能够帮助我们获得成功的人！

积蓄力量，再与人一较高下

常言道："人在屋檐下，不得不低头。"现代社会，每个人都要以实力为自己代言，才能为自己赢得一席之地，也才能让自己站稳脚跟。我们哪怕说得再好听，说得再冠冕堂皇，假如我们缺乏实力，也是无法强硬起来的。尤其是在求人办事或者是力量不如别人的时候，我们只能委曲求全、忍辱负重。否则，我们就相当于以卵击石，自找难看。

当然，"不得不"这三个字透露出太多的无奈。的确，人生在世，谁不愿意扬眉吐气地活着呢？遗憾的是，扬眉吐气是需要资本的。就像在工作中，我们假如专业技能很强，人际关系经营得很好，而且具有权威，那么我们自然能够一呼百应，成为群龙之首。与此相反，假如我们在工作上没有太好的表现，而且不管做什么事情都不能独当一面，反而要求助于他人，那么我们如何与他人抗衡呢？当我们委屈地退让，心中却有所不甘时，我们与他人的关系必然因为我们的心理失衡变得更加难以维护。

我们不如把"人在屋檐下，不得不低头"这句话改一改，改成"人在屋檐下，一定要低头"。没错，我们可以转变思路，变被动为主动，心甘情愿地低头，而且不要对对方心存任何芥蒂。这样一来，我们才能减少与他人的摩擦，避免给自己的发展设置障碍，心平气和地、积极主动地提升自己，让自己变得真正强大起来。这种力量更加柔软坚韧，也代表着更高明灵活的处世哲学。

秦汉之交时，北方的东胡国仗着实力强盛，经常欺负周围的弱小国家。那时与它相邻的匈奴部落尚不强大，因而，经常受到它的欺侮。有一次，东胡国派出使者出使匈奴国，要求首领冒顿单于把全国最好的骏马送给东胡国王。对此，冒顿怒火中烧，但是他并没有被愤怒冲昏头脑，而是想到自己的国家如今国力衰弱，根本不足以与强大的东胡国抗衡，因此他思来想去，决定忍气吞声，先维持和平，等到国力强盛之后再与东胡国决一死战。为此，他不顾部下的反对，把全国最好的骏马送给东胡国。

没过多久，目中无人的东胡国王突发奇想，居然派出使者带着他的亲笔信来到匈奴国讨要王后。这比抢夺更加过分，是对单于的莫大侮辱。冒顿的部下得到消息后群情激愤，大家都要求冒顿马上发兵，讨伐东胡国。然而，冒顿很清楚如今依然时机未到，因此他再次隐忍，把自己貌美如花的结发之妻送给东胡国国王。此时，东胡国国王非常得意，觉得匈奴已经成为自己的囊中之物。

东胡国国王越来越肆无忌惮，居然派出使者向冒顿单于索要两国交界之处的土地。在冒顿前两次做法的影响下，这次有些大臣建议割地换取和平。冒顿却愤怒地拍案而起："土地是国家的根本，决不可失去！东胡国国王欺人太甚，如今，到了我们消灭东胡国的时候了！"此时，正值举国上下同仇敌忾的好时候，冒顿一声令下，所有人积极响应，很快就消灭了得意忘形的东胡国。

毫无疑问，冒顿单于是非常聪明的。他起初知道国家实力不强，不足以与东胡国抗衡，因而忍气吞声，不但献出骏马，还献出自己的结发妻子。这样一则能够麻痹东胡国国王，二则也为他自己争取了更多的时间提升国力，做好准备。在东胡国国王得意忘形地再次来讨要土地之际，他才抓住这恰到好处的时机，号召全国上下都同仇敌忾地发兵东胡国，最终彻底消灭了东胡国。

人是情感动物，每个人都有自己的性情，但是我们却不能因为所谓的尊严就失去理智，仅凭冲动行事。要知道，一个人假如总是任性而为，早晚会酿成大错的。尤其是在自身实力不够强，而且没有足够的资本与他人抗衡时，肆意妄为更是会自取其辱。因此，我们要耐心等待最好的时机，才能一举得胜。

学会沉默，把面子留给对方

这个世界上每个人都有自己独特的脾气秉性和思想观念，这也就注定了人与人之间相处的过程中，难免会因为各种或大或小的不同而产生摩擦，发生争执。难道我们能活在真空中，不与任何人接触，从而避免这样的命运吗？当然不能。人是群居动物，每个人不但是自然的人，更是社会的人，必须融入社会生活，才能更好地生存。所以，这些矛盾、摩擦和争执都是人生中的常态，都是难以避免的。

在人际交往过程中，当我们与他人意见不一致时，尤其是我们觉得自己占据道理的情况下，我们是直截了当指出他人的错误，还是等到合适的时机再委婉告诉对方呢？聪明的朋友当然知道，每个人都很爱面子，也希望维护自己的尊严。哪怕是对于不懂事的孩子，我们也不能当着他人的面呵斥，更何况是对成年人呢？所以，为了给他人保留颜面，不到万不得已，我们有些话是不能公开说出来的，否则不但会伤及他人的自尊和颜面，他人也可能会记恨我们，我们与他人的关系也会急速恶化。

与人相处，真诚友善是第一原则。当然，要想与他人建立良好的关系，仅仅做到这一点是不够的，因为人际关系微妙复杂，既不是文科里的死记硬背，也不是理科中的一加一等于二。相处过程中，我们还要用心揣摩他人的心理、了解他人的苦衷、知道他人的喜好，才能更加贴心地对待他人，从而打开他人的心扉。所以不管我们相对于他人来说是位高还是位卑，也不管我们与他人的关系是亲密还是疏远，我们都要记住这个原则，绝不能伤害他人的自尊和颜面。

唐朝时期，唐高宗李治在位。朝廷里有个大臣叫褚遂良，性格耿直，经常向唐高宗直言进谏。有一天，李治因为不喜欢王皇后，所以想要废后，另立武则天为后。这个想法在朝廷引起轩然大波，满朝文武百官无一不心中反对。然而，为了避免触怒龙颜，让自己掉了脑袋，他们全都敢怒不敢言。褚遂良作为先王的托孤重臣，此时义无反顾地站出来，当朝列举各种理由来反对李治的做法。当然，他最有力的理由是，武则天已经侍奉过先皇，如今不能再侍奉李治，更不能成为李治的皇后。他还义正词严地告诫李治，假如李治执意要这么做，一定会被天下人耻笑的。

李治听到这些话非常生气，但是褚遂良的话句句合情合理，而且全都是为了李家的江山社稷考虑，所以他并没有当众发火。后来，李治下了朝后把这件事情告诉武则天。武则天不由得怒火中烧，发誓一定要除去这个挡住她人生之路的人。后来，在又一次上朝时，李治再次提出一定要立武则天为皇后。这次和上次一样，全朝官员依然敢怒不敢言，只有褚遂良站出来公然反对，导致李治很没面子，下不来台。后来，李治仍立武则天为后，并把褚遂良贬到偏远的地方当官，褚遂良最终客死他乡。

历朝历代都有谏臣。他们冒着生命危险时刻提醒皇帝、警示皇帝，有的得到皇帝的重用，有的却被皇帝怨恨。究其原因，一则在于皇帝是否英明，二则在于谏臣进谏的方式。唐太宗李世民在位时，对于谏臣魏征非常器重和尊重。魏征去世，他心痛惋惜，还说出了流传千古的话："以人为镜，可以明得失。"固然，唐太宗英明贤德，但是魏征作为谏臣也很注意进谏的方式方法。而褚遂良虽然对李治忠心耿耿，但是却因为当着满朝文武百官的面让李治下不来台，最终他的建议非但没有被李治采纳，而且还落得个客死他乡的悲惨下场。

别说是皇帝，就算是一个小小孩童也是非常要面子的。假如褚遂良在进谏的时候能够多多重视方式方法，在私底下以委婉的表达进谏，那么即便他无法改变李治的心意，阻止事情的发生，至少也能够保全自己。朋友们，现代社会人与人之间当然更加平等，但是顾全他人颜面始终是人际交往的重要原则。就像我们对待孩子，在教育他们的过程中，我们也同样要选择最佳方式，才能取得最好效果。反之，假如我们不分时间、场合，也不管说话对象能否接受，就不管不顾地胡说一通，那么一定会事与愿违，甚至由此引起他人对我们的怨恨。直言不讳当然是一种美好的品质，但是未必适合用在所有场合。所以，我们一定要思路灵活一些，有的时候以退为进或者曲线救国，也许能够得到更好的结果。

感谢那些在生活和工作中"修理"你的人

每个人在这个世界上生存，都希望自己能够与友善宽容的人相处，并希望自己的身边没有尖酸刻薄、严厉刁钻的人。遗憾的是，生活从来不以我们的意志为转移，我们也无法让那些我们不喜欢的人赶紧离开我们的身边。因此，我们只能改变自己，学会与那些我们不喜欢的人相处。

其实，不招我们喜欢的人并非都是所谓的坏人，例如父母总是盯着我们写作业，但父母不是坏人；再如，老师有的时候会因为我们犯错误而严厉批评我们，老师也不是坏人；当我们长大成人走入工作岗位，陷入激烈的竞争之中，我们的对手虽然常常战胜和超越我们，让我们尴尬难堪，但是他们也不是坏人。每个人都像是一株小小的树苗，在成长的过程中总是要数次接受修剪，才能长成参天大树。对于那些曾经"修理"过我们的人，我们不要片面看待，而要理性、全面地看待。如果没有那些"修理"我们的人，我们如何成为今日的栋梁之材，如何拥有今日的伟大成就呢？说不定我们早就已经"枝蔓旁生"，误入人生歧途了。因此，朋友们，假如我们想让自己在人生路上取得更大的成就、获得更大的成功，就必须走出心理误区，不要对那些曾经"修理"我们的人心怀怨恨。试想，一个人如果不认为你是可塑之才，而是觉得你朽木不可雕，那么他还怎么会花费时间和精力耐心雕琢你呢？正如人们常说的"嫌弃苹果的人才是真正买苹果的人"，我们也要说，对我们挑剔和苛责并且督促、激励我们进步的人，才是真正对我们好的人，才是成全和成就我们的人。

韩信年轻时家境贫寒，他渐渐变得行为放荡，经常佩剑在街上四处闲逛。有个恶少一直看韩信不顺眼，终有一天他逮到机会，侮辱韩信："尽管你身强体壮，而且佩戴刀剑，但是我知道你是个不折不扣的胆小鬼。假如你想证明自己不是胆小鬼，不怕死，那么你就拔剑把我杀了。但是，如果你不杀我，你必须从我的裤裆下面爬过去，我才会放过你。"韩信听到少年的话，感到非常为难。他很清楚，自己如果把少年杀了，那么自己或者被流放，或者被处死。因而他冷静地看了看这个少年，发现少年人多势众之后，最终选择趴在地上，从少年的裤裆底下爬过去。围观的人看到韩信如此胆小怯懦，纷纷嘲笑韩信。

发生这件事情之后，韩信告别经常接济他的老婆婆，决定一个人行走天下，建功立业。他得到刘邦的赏识，为刘邦做出了很多贡献，因而被刘邦派去管理齐国。后来，项羽被击败，刘邦又让韩信管理楚国，成为楚王。得知韩信要来接管楚国，当年曾经让他蒙受胯下之辱的那个恶少心惊胆战，他深信韩信会找他复仇。但是当韩信到达楚国之后，他先是去报答给他饭吃的那个老婆婆，后来又去感谢了其他恩人，最后居然把当年的恶少封为中尉。看到他人不理解，韩信解释说："我正是因为当年蒙受这位壮士的胯下之辱，才有了今日的成就。"

如果没有被恶少侮辱，四处游荡、不务正业的韩信也许就不会痛定思痛，有今日的成就。其实，每个人在人生路上都会被他人"修理"，这些"修理"我们的人或者是我们的亲人朋友，或者是陌生人，或者是对我们居心叵测的人。总而言之，不管被谁"修理",我们都要变被动为主动,利用命运给我们的考验磨炼自身,才能更好地面对人生。

生活就像一面镜子,我们以怎样的态度面对生活,生活也必然给予我们怎样的回馈。在残酷的现实中,我们必须鼓起勇气,绝不退缩,才能把事情做到尽善尽美,也才能得到生活的慷慨馈赠。很多人对于身边的人非常严厉,总是不加掩饰地指出身边人的错误和不足。身边人虽然当时也许会觉得颜面受损,但实际上未来是应该感谢他们的。归根结底,树木经过修剪才能挺拔,花草经过修剪才能秀美,人更需要"修剪"才能成形。就像在封建社会,学徒要想学会一门手艺必须先给师傅家当很长时间的免费劳动力,然后接受师傅的严格管教,才能学成出师一样,我们的任何成就都不是平白无故得来的。所以,职场上的朋友们,也许你们也被他人"修理"过,但是千万不要憎恨和排斥他人。我们唯有以积极的心态面对那些挫折和磨难,我们的人生才能真正获得进步,变得充实而有意义。

宁肯得罪君子,不要得罪小人

人生坦荡的最高境界,就是做人做事,无不可对人言。生活中这样的坦荡之人很少,大多数人都是普通人,有着自己不可告人的秘密,但大多数情况下也不会害人。然而对另一种人就不得不警惕了，他们就是狡猾奸诈之人。狡猾奸诈之人也分为两种：第一种，他们长相上就透着诡诈，人们总是能够提前防备他们，从而有效保护自己；第二种，他们看似忠厚老实，而且表现得也中规中矩，甚至有时候还显得很无辜的样子，但是实际上他们心眼特别多，城府特别深，最重要的是他们特别喜欢害人，是人类不折不扣的"害虫"。和那些看起来就很狡猾奸诈的人相比，这种隐藏至深的"害虫"显然危害性极大，因为我们从他们的脸上看不出"坏人"二字，所以对他们毫无防备。这种情况下，无疑我们在明处，他们在暗处，因而他们的陷害会让我们防不胜防，损失惨重。

对于这样的人，我们必须敬而远之。哪怕他们现在还没有对我们下刀子，但是终有一日，他们会对我们下手的。我们与其等到受伤害之后追悔莫及，不如现在就离他们远远的，让他们对我们根本没机会下手。纵观历史，那些心怀坦荡的君子总是被小人陷害，这主要是因为君子不屑于采取任何计谋和小人斗，又因为小人在暗处、君子在明处，所以君子非常被动。随着时代的发展，我们的思想也应该更加灵活，一定要避免无谓的牺牲。假如我们能够多学几招，既能与坦荡之人打交道，也能与小人斗智斗勇，岂不是万无一失？

唐朝名将郭子仪不但在战场上骁勇善战，攻城夺寨，而且在与他人相处的时候也机智灵活，尤其擅长对付小人。他对待小人有自己的原则,那就是敬而远之。他处理人际关系的原则可以概括为"宁肯得罪君子,不要得罪小人"。我们如果得罪了君子,彼此还可以明刀明枪地来,但是得罪了小人就只能被动地等着小人下刀子了。

安史之乱后,郭子仪因为平定战乱有功而官位晋升,红极一时。但是他丝毫没有懈怠,而是加倍小心防患小人。有一次,郭子仪生病在家没有上朝,同朝为官的卢杞知道后,特意去郭子仪家探望。卢杞这个人在朝廷里声名狼藉,他长相丑陋,一看就是狡诈小人,为此朝廷里的文武百官都对他敬而远之。然而,在朝廷里位高权重的郭子仪并不想得罪卢杞,因而在听到门房禀报卢杞求见后,他马上更衣,穿朝服,然后又下令让家人全都退避,这才接见卢杞。看到郭子仪如临大敌的样子,妻子感到不解,便在卢杞走后问郭子仪:"你可是当朝重臣,很多比卢杞更大的官员来拜访,也没见你这么紧张和重视啊!"郭子仪笑着说:"你有所不知,卢杞是个阴险狡诈之人,而且长相奇丑。假如你们在场,看到他的长相之后哑然失笑,那么一定会招致大祸。一旦他未来苦心钻营,获得高位,那么我们整个家族都会因此遭殃。"

后来,卢杞成为当朝宰相,果然马上对曾经怠慢他的人展开报复。但是因为郭子仪始终对他毕恭毕敬,所以他从未对郭子仪动过不好的心思。

如果郭子仪在卢杞没有当宰相之前也对卢杞不以为然，甚至嘲笑卢杞，那么等到卢杞成为宰相之后，他一定逃不开遭殃的噩运。不得不说，郭子仪对付小人的确是很有一套，他既没有像很多人一样对卢杞不以为然，也没有公然对抗卢杞，更不曾怠慢卢杞。所以，他才能官运亨通，保全自己。

宁肯得罪君子，也不得罪小人，这样的选择是很有道理的。不管什么时候，我们都不能忽视小人的危害。毕竟小人生活在暗处，而且有很多小人还很会掩饰，这使得他们的危害性倍增。"明枪易挡，暗箭难防"，说的也是同样的道理。

很多小人尤其善于琢磨他人的心思，投机钻营他们是一把好手，所以他们之中不乏有人得到重用。还有些小人心思狭隘，睚眦必报。因而在现实生活中，我们千万不要对小人松懈，要始终提高警惕，这样才能免遭小人陷害，保全自己。

第09章

低调行事,不要做鲁莽的出头鸟

生活中,默默无闻的我们总是非常羡慕那些成功者。殊不知,那些成功者在先天条件上未必比我们好多少,他们之所以能够获得成功,主要是因为他们做事情非常稳妥,既有勇敢的劲头,敢拼、敢闯,也有未雨绸缪的耐心细致,绝不鲁莽行事。这使他们能够耐心等待最佳的时机,然后一招制胜,让自己马到成功。

眼光要放远，不与人争辩

　　现实生活中，很多朋友总是与他人发生争执，或者是因为意见、观点不同，或者是因为彼此看不顺眼，又或者因为一些不值一提的小事情。其实，做人最重要的并非与他人一决胜负，当下证明自己比对方强，而是要灵活机动，懂得进退。古人云："识时务者为俊杰"，意思是说我们要看清楚事情发展的形势，也要知道自己怎么做才能顺应形势，争取最好的结果。识时务者也就是知道好坏和进退的人。他们不会以卵击石，也不会恃强凌弱；他们懂得什么时候应该强硬，什么时候应该柔软，什么时候要进一步，什么时候要退一步。

　　古今中外，大凡成功人士，无一不是心怀广阔、眼光长远的人。他们很清楚争执不能真正解决问题，反而会导致事与愿违，所以他们不会固执己见，也不会硬要改变他人。所谓江山易改，秉性难移，他人在长期的人生经历中形成的思想观念和行事风格，并不会因为我们的批判就轻易更改。

　　另一方面，我们还要认清楚形势，认识到很多事情并不会顺应我们的心意发展。面对生活中的各种波折和不如意，我们更要把目光放得长远，才能最大限度发挥自身的实力，成就自己。

占旭大学毕业后就进入现在的公司工作,三年来始终兢兢业业,对待工作认真勤勉,但是很多和他一起进入公司的同事都获得了提升,唯独他三年来始终原地踏步。这到底是为什么呢?原来,占旭人品好,又勤奋,原本是个好苗子,也理应得到提拔,就是因为他一年前顶撞了顶头上司张经理,所以才被雪藏起来,导致职业生涯始终原地踏步。

那天是占旭进入公司整整两年的日子。原本,他很想在下班后请几个要好的同事一起吃饭喝酒唱歌来纪念自己进入公司两年。但是当天下午,上司突然交给他一项艰巨的任务,让他连夜把厚厚的一叠文件整理好。也许是因为从中午就惦记着晚上请客吃饭,占旭几乎脱口而出:"现在要下班了,时间根本来不及!"话一出口,占旭就意识到不妥,但是上司的脸色已经变得很难看了。上司冷冷地说:"哦,你是想找从来不加班的工作吗?那么只怕你找错地方了。"说完,上司把文件扔在占旭的桌子上,转身离开了。当天晚上,占旭几乎通宵加班,不但原本的聚餐取消了,他还累得精疲力尽。次日,他虽然按时交上文件,但是上司对他却始终不冷不热的。

人在职场,尤其是面对上司的时候,一定要认清自己的身份地位,千万不要随意就和上司顶撞。尤其是当着其他同事的面，哪怕我们对于上司的安排和布置有异议，也要给足上司面子，等到私底下再和上司讨论。而不要当着其他同事的面给上司难堪。否则，上司一定会还给我们更大的难堪，而且因为上司掌控着我们的升降之道，得罪上司也许会给我们的未来带来更大的障碍，造成更大的损失。因而，聪明人从来不和上司对着干，至少不和上司明刀明枪地对着干。

现代社会，任何人都无法仅凭一己之力做好所有事情。所以，我们不管能力是强是弱都要摆正自己的位置，看清楚事情的发展，从而顺势而为，有效保护自己，而不是因为鸡毛蒜皮的小事情与他人之间发生纠纷，从而导致自己人生受到限制。如果一时的宽容和忍让能够帮助我们赢得更大的成功机会，让我们的人生出现转折甚至是奇迹，那么我们何乐而不为呢？在为人处世中适度柔软是生存的智慧，也是高明的选择。

兜兜转转，事情反而有意外的收获

人与人之间脾气秉性各不相同。有的人性格耿直，说话就像放鞭炮，做事情也不会拐弯，这样的人不但很难办成事，还很容易得罪人。还有些人性格委婉含蓄、低调内敛，做人做事都没有那么张扬，知道必须更多地考虑到他人的感受才能与他人和谐友好地相处，因而也更懂得如何巧妙地处理人际关系以达到自己的目的。在遇到问题的时候，这两种做事风格所收到的效果可能会天差地别。

诚然，每个人都希望生活能够一帆风顺，水到渠成，但是这个世界不可能件件事情都让我们顺心如意，也不可能准备好阳光大道让我们一马平川。所以，在遇到困难和障碍的时候，我们必须想方设法战胜困难；遇到无法超越的困境时，我们还可以学习挑山夫走"之"字形路线那样"曲线救国"，这样尽管迂回曲折，却能够节省力气，帮助我们成功抵达人生巅峰。

生活中，人人都知道不要以卵击石的道理。的确，拿鸡蛋碰石头，这是很难想象的疯狂行为。但是，偏偏有很多人都在这么做。例如，我们试图说服别人的时候，不采取委婉的方式，而是刻意地以硬碰硬，强行要求对方接纳我们的建议。这样一则我们未必能够拗得过对方，很有可能导致两败俱伤；二则也影响说服的效果，因为没有人愿意被强迫。在这种情况下，我们不如采取"曲线救国"的方针和策略，或者旁敲侧击，或者敲山震虎，从而实现最佳的说服效果。

明朝时期，海虞人严讷官至太子太保兼吏部尚书。有段时间，他计划在京城为自己建造一座像模像样的大宅院。他测量好地基之后才发现，有一间民宅正好被他圈在地基范围内。如果他舍弃掉这块民宅所占的宅基地，那么整个宅院建好之后效果就会大打折扣。为此，他思来想去，决定想办法说服民宅的主人搬迁。

民宅的主人是个卖豆腐的，也同时卖酒。刚开始，严讷让工地负责人劝说民宅的主人搬家。但是不管他们出多么高的价钱，民宅的主人就是不愿意搬家。工地负责人无奈，只好把这个情况反映给严讷，严讷不以为意地说："先建其他三面，等到最后再想办法解决。"就这样，建造房屋的工程如期开工，严讷命令工地上所需的豆腐和酒不要去别处买，都要从民宅的主人那里买；而且，买之前要先付定金，每次都要及时结算。工地上豆腐和酒的消耗量很大。这样一来，民宅的主人根本忙不过来，因而只好雇用了一些工人来帮忙。随着豆腐坊里的人越来越多，他们挣到了更多的钱，那间小小的房子也就显得更加拥挤了。

最终，民宅的主人主动提出搬家，而且还把房契送给了严讷。他们感激严讷让他们挣到很多钱，也为最初的不配合感到羞愧。而严讷则主动为他们找到更宽敞的住房，为他们解决了居住的难题。没几天，这家人就带着工人高高兴兴地搬家了。

通常情况下，直接解决问题能够节省很多时间和精力，也比较干脆利落。但是，有很多时候事情的发展超出我们的预料，而且我们面对的人脾气秉性各不相同，所以我们必须根据事情和当事人的实际情况，有针对性地找到最合适的方法。尤其是面对那些棘手和难缠的问题，欲速则不达，我们更要避重就轻，迂回曲折，从而间接解决问题。这与真刀真枪面对面地硬干相比，效果也许好得多。

当然，要想顺应形势解决问题，我们就要培养自己的发散性思维，而且必须让自己的思维变得更加灵活。生活中，很多人墨守成规，不愿意改变自己，这是不行的。毕竟现代社会万事万物都在不断发展，我们也必须与时俱进才能跟上时代的脚步，也才能让自己顺应形势，解决问题。

别总是为小事情而烦忧

在这个世界上，有些人神经大条，心胸开阔，对生活中那些微不足道的小事情根本不挂在嘴上，更不放在心上。但是，有些人则恰恰相反，他们对于生活中的大事情都顾不过来，却偏偏喜欢关注那些琐碎的小事。由此一来，我们可以想象他们日常生活有多么累。最重要的是，他们因为心思狭隘而非常敏感，也很爱钻牛角尖。当这样的两个人遇到一起的时候，他们总是因为那些琐碎的小事较真，甚至彼此仇视。其实，人生之中除了生死是大事之外，哪里还有非较真不可的事情呢？他们在争高低和胜负的过程中，彼此感情会受到伤害，且再也无法做到心无芥蒂地相处和交往，可谓得不偿失。

　　人们常感叹人生短暂，因此没有必要为了无关紧要的事情较真，更没有必要为了不值一提的小事生气。其实很多时候人们之所以失败，并非是因为受到外界的打击，而是因为自己内心世界的崩塌。比如在非洲草原上有一种吸血蝙蝠最喜欢吸野马的血。它们一旦附在野马的身上，就会导致野马暴怒不已，狂跳不止。然而，无论野马多么歇斯底里，这些蝙蝠还是若无其事地吸附在野马身上，直到吃饱喝足才心满意足地离开。身强体壮的野马只能在对吸血蝙蝠的愤怒之中死去，这着实令人感到惋惜。动物学家经过分析发现，吸血蝙蝠虽然会给野马造成皮肉之苦，但是它们的吸血量是不足以夺去野马生命的。野马之所以死去，就是因为它的暴怒和歇斯底里以及盛怒之下无休止的狂奔。不得不说，野马是非常可悲的。其实，这种情况并非只有大自然里有，人类社会里也有。很多时候，人们并非被那些灭顶之灾击垮，而是被那些烦琐的事情耗尽心力，陷入无休止的烦恼和狂躁之中。从此之后，人们的生活再无幸福快乐可言，在郁郁寡欢、心烦气躁的生活中，人们或将失去自我，对未来不再憧憬，严重的甚至会患上抑郁症，导致命运的节奏一时停滞。

　　人生在世，没有人愿意平淡无奇地度过一生，每个人都想出人头地。但是生活总是不如意，不让我们随心所欲地获得成功。人生是琐碎的，每个人都要面对各种琐碎的事情，也要面对形形色色不期而至的挑战。正所谓"小不忍则乱大谋"，我们必须控制自己的情绪和心境，才能把更多的时间和精力用于人生之中关系重大的事情上，而不会总是因为无所谓的小事情转移注意力。要想做到这一点，除了学会掌控情绪之外，我们还要让自己尽量站得高、看得远。唯有如此，我们才能胸怀开阔，拥有人生的大格局。从某种意义上来说，人们每天放在心上的事情就是每个人的人生价值所在。我们假如每天都在考虑鸡毛蒜皮的小事，又如何能够心怀天下、放眼未来呢？所以，让我们把眼光放得长远一些，让人生格局更加开阔一些吧！

战国末年，张耳和陈余都是魏国的名士。魏国被秦国灭掉后，他们二人遭到秦王的重金悬赏。他们不得不隐姓埋名，逃到陈地，依靠给乡里看门勉强维持生活。

有一天，陈余不小心出现失误，乡里的小吏怒气冲冲地要责罚他。陈余想到自己并无大过居然要受此侮辱，不由得也怒火中烧，准备和小吏好好理论一番。这时，张耳突然踩了踩陈余的脚，暗示陈余一定不要因为冲动坏了大事。为此，陈余好不容易才忍耐下来。

等到小吏走了，张耳带着陈余来到一棵大树底下。环顾四周看到没人之后，张耳严肃地指责陈余："你到底是怎么回事，难道忘了我们当初的约定了吗？今天，只不过是一个小吏惹恼了你，你就要不管不顾地发作起来，难道你想因为他而失去性命吗？难道我们俩的性命就这么不值钱吗？"陈余虽然当时听从了张耳的劝说，但是后来还是心浮气躁，没有张耳能够忍耐。最终，张耳获得了成功，陈余则遭遇了惨败。

人生在世难免要与他人发生摩擦，但是并非每一件小事都值得我们与他人争论。有的时候，我们该忍耐就要忍耐，该爆发才能爆发。假如我们为了一时的痛快而不管不顾，最终一定会害了自己。当然，每个人心里都是有标尺的。是选择宽容忍让还是选择睚眦必报，一则取决于我们的脾气秉性，二则取决于我们对于某件事情的看法和认识。在做人做事的时候，我们都要学会抓大放小，不要过于精明。正所谓难得糊涂，我们唯有放弃对小事的纠缠，才能把更多的时间和精力用于成就大事上。

常言道："小不忍则乱大谋。"作为聪明人，在平凡而又琐碎的生活中，我们必须调节好自己的心态，掌控好自己的情绪，才能心平气和地从容应对人生。

多交朋友，少树立敌人

人是群居动物，任何人都无法脱离社会独自生存。每个人都难以避免要与他人打交道，但是人际关系偏偏是世界性的难题。因为人与人之间脾气秉性、性格爱好都不相同，对于人生的各种观点也迥然相异。所以，人与人相处时很容易产生矛盾和摩擦，严重的还会爆发争执。在这种情况下，我们应该采取何种态度面对呢？也许有些朋友觉得这纯粹是偶然的选择，其实不然，因为我们面对问题的态度和解决方法从一定程度上能够体现我们的为人以及心胸、气度。举个最简单的例子来说，对于同一件事情，也许有些人会气得火冒三丈，觉得绝对不能忍受，进而记恨和报复他人；有些人则不以为意，觉得没什么大不了的，并且选择理解和包容他人。不得不说，这两种态度简直有着天壤之别。

面对人生中的那些琐事，我们应该潇洒从容。人心就像一个容器，装满了忧愁之后就再也没有空间容纳幸福快乐了。所以，我们要学会珍惜自己的心灵容器，不要随便把那些小小的忧愁都装进去。这样，我们才能让心灵更自由，也更快乐。众所周知，当空气中有了难闻的气味，风会把这些气味马上吹散和带走。那么，何不让我们的心也成为风的路径呢？这样那些轻飘飘的烦恼忧愁也就会随风而去，再也不会影响我们的心情。

当然，我们调节自己的心情很容易，而要想左右他人的心情就会很难。正所谓强扭的瓜不甜，我们要想征服人心就不能一味地依靠武力。假如我们只会以硬碰硬，强行要求他人服从我们,那么效果一定很差。心服才能口服,我们与他人相处也必须让他人心服口服,才能真正与他人之间建立心灵的默契。正如很多人说的"多个朋友多条路,多个冤家多堵墙"。在人们相处的过程中,我们一定要牢记这句话,无论如何都不要给自己处处树敌。从本质上来说,生活中也没有什么不共戴天的血海深仇。不管是面对生活中的摩擦还是工作中的观点不一致等情况,我们都应该最大限度宽容他人,这样也能得到他人的善待。所以,宽容他人,就是宽宥自己。尤其是现代社会,人与人之间的联系越来越紧密,我们假如因为一点小事情就与他人反目成仇,那么有朝一日再见面的时候就要承受本不应该发生的尴尬和难堪。

当然,冤家宜解不宜结。我们可以提前经营好与他人的关系,对关系恶化防患于未然。但是对于有些不可避免的伤害,我们无法未雨绸缪,不如选择合适的时机进行弥补。对于曾经与我们发生不愉快的人,我们假如不好意思直接向对方道歉,就可以在对方有了高兴事的时候,与对方更好地交流沟通。诸如,当对方得到晋升时或者当对方结婚生子时,我们都可以带着礼物前去拜访。正所谓"礼多人不怪""伸手不打笑脸人",对方一定不会在自己大喜的日子里依然对我们黑着脸。当然,这些事情都要抓住合适的时机去做,否则效果未必好。

有些朋友觉得,过度宽容就是纵容,就是对他人无限的退让和容忍。其实不然。和所有感情一样，宽容也是相互的。当我们主动向对方退让一步，对方便也会对我们退让一步；当我们主动降低姿态向对方示好，对方也不会得寸进尺继续对我们不理不睬。所以真正的宽容必然为我们换来和谐友好的局面，让我们在人生之中拥有更多美好的感情和体验。所以，朋友们，得理也要饶人，即便抓住了别人的"小辫子"，我们也不要一直揪住不放。感恩别人、宽容别人，也就是感恩我们自己、宽容我们自己。

看准时机亮相，一鸣惊人

现代社会，每个人都迫不及待地想要展示自己，以帮助自己争取到更多的机会。尤其是那些刚刚毕业的大学生在找工作的时候，恨不得把自己点点滴滴的成就都展示给面试官，从而赢得面试官的肯定，得到心仪已久的工作。其实，很多事情都要把握一个度，尤其是在展示自己这方面，有的时候在没进公司之前就把自己夸得天花乱坠，并不是一件好事。面试时，我们只要适度展示自己，得到机会进入公司，然后在工作的过程中找准时机恰到好处地亮相，就能够博得上司的好感，也能帮助自己在工作岗位上站稳脚跟。

当然，有些人是急脾气，恨不得马上就让上司或者同事了解自己的全部能力；也有的人是因为过于心急，只想马上找到最好的工作。但是，任何事情都要把握好度，避免过犹不及。这就要求我们学会控制自己，学会适度忍耐，也学会在关键时刻保持镇定。凡事都不可心急，常言道："心急吃不了热豆腐。"有的时候，欲速则不达，我们必须耐下心来等待时机，才能抓住千载难逢的好机会，让自己不鸣则已，一鸣惊人。

"天时地利人和"这句话告诉我们，一个人要想成功，仅凭强烈的主观意愿是远远不够的，还要客观条件也达到，两方面缺一不可。纵观古今中外，很多成就大事的人都会先考察客观条件，等到基础齐备之后，再当机立断地切实展开行动。不得不说，忍耐的意义不但在于等待时机，也是给予我们更多的时间从心理上做好准备。所谓养精蓄锐，说的就是我们唯有在平日里积蓄力量，最后才能一鸣惊人，让自己拥有精彩的亮相。

当客观环境于我们不利时，当我们处于弱势之中时，我们不如先降低身份，韬光养晦，寻找亮相的时机。等机会一到，我们就积极展示自己，借此摆脱不被认可的窘境，走向成功。实际上，很多人口中的逆来顺受并非真的是委曲求全、忍辱负重，人生的进步也并非只能向前，还可以采取迂回曲折的方式，以另一种方式进步。

好好说话，有理不在声高

常言道："画虎画皮难画骨，知人知面不知心。"每个人都有自己的脾气秉性，各人的人生观点也完全不同。在这种情况下，人们之间发生矛盾和纠纷是在所难免的。每个人都会有脾气，但是每个人的脾气大小是不同的。有的人脾气火暴，就像炮仗一点即炸；有的人脾气相对较好，不会随便乱发脾气。对于脾气不好的人而言，坏脾气很有可能给他们造成一定的困扰和障碍，甚至给他们的生活和工作带来负面影响；对于脾气好的人而言，有的时候脾气太好，变成好好先生，也让他们非常被动。所以，我们必须合理控制自身的脾气，从而做到以静制动。

很多人在发脾气的时候总是歇斯底里地大喊大叫，不知道他们是用高声给自己壮胆还是用高声吓唬别人。常言道："一动不如一静，有理不在声高。"我们要想真正征服他人就一定要避免惊慌失措，也要避免以虚张声势掩饰内心的虚弱。人世间，每个人都想成为真正的强者，因而以各种手段来逞强。殊不知，真正的强大来自我们的内心，我们只有坦然从容应对那些突发情况，才能表现出自己的气度以及镇定。真英雄绝不是伪装出来的，真英雄有胆有识，气宇非凡。他们面对他人的无理取闹，不会中了他人的圈套，变得歇斯底里、狂躁怒吼，而是会保持淡定平和，从而以静制动，以不变应万变。

生活中很多朋友都有一个误解，即觉得自己在关键时刻必须提高声音才能引起大家的关注。殊不知，真正能够吸引他人的不是我们的狂躁喊叫，而是我们在大声说话时突然压低声音。这样一来，他人必然以为我们要说什么不可告人的秘密，甚至还会不约而同地屏息凝神，竭尽所能想要听清楚我们说出的每一个字。

一个人并不能用发怒的方式保护自己的颜面和自尊，唯有面对他人别有用心的挑衅时保持平静和淡然，才能表现出真正强者的风采。生活中那种别有用心激怒别人的事情并不少见。尤其是在职场上，不管是作为下属，还是作为上司，我们都要保持心平气和，才能始终平静淡然，以静制动，也才能避免因为说出冲动的话而追悔莫及。诚然，在遇到尴尬情况的时候，很多人都无法保持平静。在这种情况下，我们不如换位思考，设想自己如果是在他人的位置上将会如何做。这样一来，我们就能更加理解对方的苦衷，也不至于被对方气得七窍生烟了。

懂得低头，才会有更大的成就

记得小时候，我们四处玩耍，不停地搬起石头或土块，想从下面找到神奇的生物。在此过程中，我们经常会发现小草被压弯了腰,低垂着头,但是却生机盎然,绝不屈服。有的小草被发现得晚些,甚至已经拐着弯地从石头下探出脑袋,接受阳光雨露的抚摸和滋润。不得不说,小草的生命力是非常顽强的,难怪有诗云,"离离原上草,一岁一枯荣。野火烧不尽,春风吹又生"。这首诗非常形象地为我们呈现了小草的顽强生命力和绝不屈服于人生以及命运的坚韧精神。

生活中,我们也会遭遇很多的坎坷与挫折,甚至因为各种原因被压制。在这种情况下,我们是放弃,还是像小草一样不断努力呢?聪明人当然知道答案,但是真正能够把这一点做到位的人却是少之又少。在压制面前,我们不要退缩,毕竟生命只能向前,不能向后,我们也很难推翻自己的选择一切重头再来。其实,我们可以像小草一样迂回曲折地生长。比如,我们可以对压制我们的力量先低头,对其表示顺从,从而给自己争取更大的生长空间;然后拐弯绕过这份压制我们的力量,到达阳光之下再尽情地生长。这样一来,也许我们生长的过程会变得更加漫长,但是我们最终能够实现自身的理想,完成人生的目标。所以,和那些宁折不弯、最终枯死在石头下的小草相比,石头下低头的小草具有更加顽强的生命力,人生也会因为具有这样能屈能伸的灵活性而获得与众不同的成就。

有家公司的老板非常严格,哪怕下属只是犯一个小小的错误,他也会马上毫不留情地记录下来,绝无疏漏。不过这个老板也有个优点，就是他一板一眼，信守诺言，对于承诺的事情向来都是不打折扣地兑现。为此，大家虽然对老板心有怨言，但还是留在公司里辛苦地工作。

这家公司采取的是同岗不同酬的计薪制。同事虽然都在一起上班，但是谁也不知道谁的薪水是多少。大家也都遵守这个规定，从来不互相打探薪水。但是，有一个月这个规矩被打破了，原因在于大家这个月全都少了很多奖金，每个人都因此愤愤不平，吃饭时平时安安静静的公司食堂也变得喧闹不已，几乎所有同事都在私底下议论突然大幅缩水的奖金。在这些交头接耳的人里，只有一个年轻的女孩还和以前一样埋头吃饭，两耳不闻窗外事。大家都很纳闷，以为这个女孩的奖金没少，但是在追问女孩之后，女孩却说："我的奖金也少了很多，不过我觉得这一定是因为我最近表现不够好，没有圆满完成工作。我觉得议论也没用，还破坏公司的规章制度，不如下个月竭尽全力地干好工作，也许失去的奖金就又回来了。"

听到女孩的话，大家都沉默了。因为整个公司的人除了女孩在反思自己、争取提升自己之外，其他的人都在抱怨。没过多久，女孩因为在工作上的出色表现，得到了老板的赏识，不但升职加薪，还被老板推举为整个公司的学习标兵。

人生是个竞技场，一个人只有实力未必能在人生之中有出色的表现和丰富的收获。在面对突如其来的挫折和打击时，我们唯有头脑灵活、顺势而为才能做出最理智的选择。然而，在残酷的外界环境和巨大的压力下，想做到这一点很难，这就要求我们学习"打不死的小强"的精神，才能成功熬过黎明前的黑暗，迎来人生的"柳暗花明又一村"。正如《小草》那首歌里唱的："没有花香，没有树高，我是一棵无人知道的小草；从不寂寞，从没烦恼，你看我的伙伴遍及天涯海角……"朋友们，面对压力和无法移除的障碍，让我们每个人都成为一棵以低头的姿态顽强生长的小草吧！

藏住锋芒，往往才是有真本领

做人做事，有时要保持低调内敛，有时要锋芒毕露。那么，到底是低调内敛还是锋芒毕露呢？这主要取决于当时的场合和时机。在关键的场合，可以在有把握的情况下崭露头角，而大多数时候，藏锋敛锐、低调行事才是上策。比如，在生活和工作中，我们都常常会遇到一些集体议事的场合。尤其是在需要表明某些观点和态度的时候，我们和很多人同坐在一个会场，明明很多人都已经想到了最佳答案，但是就是不愿意主动说出来。究其原因，他们并不是腼腆害羞，而是因为谁也不愿意出那个风头，成为招风的大树。

俗话说："枪打出头鸟。"尽管人们都愿意出类拔萃、引人注目，但是在有些时候，他们恨不得没有人注意到自己，也不愿意自己被别有用意的人当成靶子。所以，朋友们，我们要审时度势，该说的话要说，不该说的话，就不要在大家都装哑巴的时候抢着说。这不是怯懦，而是明哲保身，使自己免遭无妄之灾。

曹操生性多疑，对于自己有才华的下属，他也会羡慕嫉妒，百感交集。所以在曹操手下当差，一定要慎之又慎，切不可锋芒毕露。想当年，刘备之所以能从曹操手下活命，就是因为他假装愚钝、胸无大志，才避免被曹操处死。相反，曹操的主簿杨修聪明伶俐，却因为在不合适的时候锋芒毕露，最终失去了宝贵的性命。

有一次，曹操去查看刚刚建成的后花园，在门上写了个"活"字，就一语不发地离开了。随从都不知道曹操的意思，因而心中忐忑。此时杨修毫不迟疑地说："丞相嫌弃门太宽了。"见众人不解其意，杨修进一步解释："门里面有'活'字，就是'阔'。"于是监工当即下令重建后花园的大门。曹操后来得知是杨修说出了他的心意，虽然高兴，却嫉妒杨修的心思敏捷。

曹操平日里睡觉绝不让人接近，并且告诉下人他睡觉的时候会杀死靠近他的人。有一天，曹操午睡时被子掉落，一个侍卫担心他着凉，特意给他盖上被子。曹操当即拔剑，杀死侍卫。醒来后,他佯装不知情,质问何人杀死了他的侍卫。听到他人讲述事情的经过,曹操痛哭流涕,下令厚葬那个侍卫。看到曹操如此重情义,其他人都以为曹操真的是梦中误杀,只有杨修说:"不是丞相在做梦,而是我们在做梦。"听到杨修识破自己,曹操更加对杨修怀恨在心。

此后,曹操率军与刘备在汉水坚持不下,不分胜负。曹操拿不定主意如何才能结束这场胶着战,正巧看到厨师端着一碗有鸡肋的鸡汤给他喝,因而随口对进入帐篷询问夜间口令的夏侯惇说:"鸡肋!"杨修得知此事,当即让士兵们收拾行装,准备班师回朝。夏侯惇不明白是何缘故,杨修说:"食之无味,弃之可惜,是为鸡肋。丞相一定想班师回朝了。"曹操被杨修说中心事,不由得恼羞成怒,因而以"扰乱军心"为由下令将其斩首。

在疑心病重的曹操手下当差,杨修没有很好地掩饰自己的锋芒,反而处处拔尖,最终招致曹操记恨,失去了性命。不得不说,杨修虽然聪明,却不够机智。假如他能够装聋作哑,更好地伪装自己,也就不会一命呜呼了。

郑板桥有书:"难得糊涂"。这四个字说起来简单,真正做到却很难。人与人之间充斥着利益纠葛,也有很多难以调和的矛盾。我们要想保全自己,就必须在必要的时候装糊涂,让自己看起来很愚钝,这样才不会成为众矢之的。当然,锋芒毕露也无不可，但是必须找准时机，绝不可因此而搞得满盘皆输。

决定你能走多远的是最后一张牌

生活中，每个人的脾气秉性都各不相同，有些人是直脾气，恨不得一口气就说完自己所有的心思，以致自己变成一个"透明人"；有的人则恰恰相反，他们不愿意被他人轻易看穿，因而始终自己把握着底牌，等到关键时刻再使用底牌扭转局势，转败为赢。

虽然人与人相处一定要以真诚为第一要义，但是我们却不能对每个人都同样地毫无保留。我们对父母要真诚坦率，毕竟父母是这个世界上最疼爱我们的人；我们对好朋友要真诚，无须遮遮掩掩，毕竟他们非常了解我们，也愿意陪伴我们走过人生的一程又一程；我们对于爱人也要坦诚相待，因为爱人是世界上唯一与我们相伴一生的人，即便父母老去，兄弟姐妹远离，爱人也依然守在我们的身边，无论生老病死，无论坎坷挫折。对于这些始终纯粹的情感，我们有何理由不坦诚呢？然而，再亲密的关系之间也需要为彼此保留适当的空间，给予彼此喘息的机会。

尤其是在现代社会，人们的生存压力越来越大，人与人之间的竞争也更加激烈。假如我们一下子亮出自己的底牌，我们就会被他人算计，再也无法凭借后手扭转局势。另外，一个人就算混得再差也不要总是向他人诉苦，毕竟这个时代不是同情心泛滥的时代，任何人都要依靠自己的能力赢得未来，你又怎么可能成为例外呢？就算我们非常成功，也绝不要对他人颐指气使，高高在上，因为成功很有可能只是一时的，而且别人深藏在表面之下的能力一旦显露，甚至可能会比我们更加成功。总而言之，不要让别人一眼就把我们看透，我们才有可能以虚实难辨的面貌赢得人生的先机。

后晋时期，冯道出使契丹，得到了契丹王的礼遇和厚待。契丹王很想把冯道留在契丹效力，冯道当然不愿意，他一心一意想要回到故国，但是他很清楚自己不能直接拒绝契丹王的好意。因此，他告诉契丹王自己可以为契丹效力，因为契丹就相当于后晋的父亲（后晋皇帝石敬瑭为获得契丹的军事支援，曾认契丹王耶律德光为父），为契丹效力也就是为后晋效力。听到冯道这么说，契丹王感到非常高兴和欣慰。与此同时，冯道还下令让下属马上置办薪炭，以度过契丹的漫长寒冬。看到冯道的一举一动，契丹王深深意识到冯道是个举世罕见的"忠臣"，虽然思念故国，却为了尽忠而留在契丹。想到这里，契丹王觉得很不忍心，因而在深思熟虑之后决定放冯道回国。

然而，冯道拒绝了契丹王的好意，说自己要一直留在契丹国，不愿意离开。直到契丹王再三催促他启程，他才装作很不情愿的样子开始收拾行李。从契丹国出发之后，他依依不舍，沿途多次停留，似乎已经把契丹国当成自己的家乡。直到两个月后，冯道才带领手下们离开契丹国境。在此期间，冯道的下属不止一次问冯道为何归心似箭，却在契丹国逗留盘桓。冯道回答："我不是不想回国，而是以退为进。假如契丹王知道我归心似箭，那么我们一定插翅难飞。要知道，就算我们昼夜兼程，契丹族人只要快马加鞭，就会马上追上我们。所以，我们不能轻举妄动，而要徐缓而行，让契丹人看不出我们的真实意图。"回国后，冯道因为对故国忠心耿耿，顺理成章受到了皇帝的封赏。

原来，冯道不是不想回国，而是因为他心思细腻，知道不能把底牌都透给契丹王，所以他才一直伪装自己，直到安全回到故国。否则，假如冯道得知契丹王要留住他之后，就与契丹王反目成仇，那么他一定会被契丹王控制，根本无法成功离开契丹国。这种以退为进的方法，往往能够麻痹敌人，获得显著的效果。

当然，人之所以对他人有吸引力，很大程度上是因为他保留了神秘感。虽然现代生活中我们没有敌人，但是在对待朋友、同事时，我们还是可以采取这样的障眼法，保留自己的底牌，从而更好地吸引他人，与他人相处。此外，保留底牌还可以使别人对于我们的实力毫无所知，这样我们就能在关键时刻勇敢亮相，事半功倍，获得成功。

第10章

做好自己，独一无二才有与众不同的精彩

在大自然中，弱肉强食是永远的生存法则。其实，人类社会有时和大自然很相像，也会发生弱肉强食的事情，也会因为各种激烈的竞争导致对抗与较量。那么，我们如何才能为自己争取到一席之地呢？一味地忍让退却无疑是不可取的，恃强凌弱也是不应该的。我们必须把握和拿捏好度才能让自己做得恰当好处，那就是既不当受气包，也不当滥好人，不卑不亢地为人处世，帮助自己立足。

停止讨好，你不可能让所有人都喜欢

在职场中，脚踏实地、兢兢业业又有一定能力的人虽然能够取得不错的成绩，但是在团队中只能成为中坚力量，而无法形成个人影响力，也无法成为有号召力的领导者，最终默默无闻。可以说，他们的生存状况与他们自身的性格有密切关系，并非是外界原因导致的。他们性格温和，做人中庸，很少得罪人，也不愿意拔尖。他们知道树大招风，也不愿意轻易树敌，他们好好先生的特点使得他们想要做得面面俱到、得到所有人的肯定和满意。实际上，这是根本不可能的。

正如莎士比亚所说："一千个读者眼中就会有一千个哈姆雷特。"这充分说明了即使对于同一个人或者是同一件事情，不同的人也会有不同的看法。既然无论我们如何努力，我们都注定无法获得每个人的满意，那么我们为何还要刻意改变自己、失去自己，而不是做最真实的自己呢？我们即便做最真实的自己，也同样会有人欣赏我们、有人不喜欢我们。有人肯定我们、有人否定我们，结果并不会有太大的改变。

现代社会知识大爆炸、信息大爆炸，每个人每天接收的信息相当于曾经闭塞年代的几百几千倍。当然，唯一的选项并不使人为难，而更多的选项才使人举棋不定、左右为难。那么，面对人生的繁杂琐事，我们应该如何选择呢？我们唯一要遵从的就是自己的内心。没错，不管别人说什么、做什么，我们唯有遵从自己的内心，才能真正有主心骨，才能主宰自己的人生，掌控自己的命运。

很久以前，有位画家仗着自己画技高超，特意花费很长的时间和精力画了一幅自认为非常满意的画作，拿到市场上挂好，并且自负地在旁边写上：欢迎大家多提宝贵意见。结果，一整个白天过去，等到他去收回自己的画作时，他沮丧地发现他的画作已经被圈点得面目全非，惨不忍睹。画家垂头丧气地拿着画回家。妻子看到他的样子，关切地问清楚事由，笑着说："你呀，可真是个画家，典型的画家，根本不懂得人的心理。这样吧，你今天晚上再加班画一幅画，明天再挂到集市上。但是这次你要写上'请大家找出这幅画画得好的地方'。你一定会有意外的惊喜哦！"

听了妻子的话，画家虽然不知道妻子的葫芦里卖的是什么药，却还是照做了。对于自己连夜加班画出来的画作，他并不满意，不过还是将其挂到集市上。画家忐忑不安地过了一整天，他暗暗想道：之前那幅画那么完美，都被圈点得惨不忍睹，这幅赶制出来的画还不知道要被人们批判成什么样子呢！

到了傍晚，他怀着紧张的心情去集市，却发现自己的画作依然被圈点了很多地方，只不过这次圈画出来的都是人们认为画作可取的地方。看到画家惊讶的表情，妻子笑着说："看到了吧。不管一幅画多么完美，总有人不喜欢它的某一些地方。但是同样，不管一幅画多么不完美，也总有很多人喜欢它的某一些地方。"妻子的话使画家恍然大悟，他感慨地说："是啊，我再怎么追求完美，也不可能面面俱到，让所有人满意。不管我多么努力，我只能让一部分人满意。"

不管我们对一件事情多么尽心尽力，都不可能得到所有人的满意和认可。每个人都有各自不同的脾气秉性，也有不同的观念，我们就算是八面玲珑也不可能迎合所有人。既然如此，我们完全无须庸人自扰，只要遵从自己的内心做好自己应该做的事情，问心无愧即可。

现实生活中，很多人为了迎合他人，总是绞尽脑汁地揣摩他人的心思，想要把话说到他人的心里去，把事情做到他人的心里去。殊不知，这样反而是绕道而行、舍近求远。有的时候，过度的盘算反而会使我们被动，而直截了当地前行也许能使我们更快地到达目的地。所以，简单明了地做人、直截了当地做事，或许恰恰是我们最好的选择。

生活中免不了竞争

现代社会，竞争非常激烈，无论我们能力是高是低，也不管身负什么职位，我们都逃脱不了竞争的命运。生活中，有很多东西都让人们垂涎欲滴，诸如金钱名利、财富权势。毫无疑问，每个人都想要得到这些东西。那么如何才能得到呢？有些人会光明正大地为自己争取，有些人则会通过各种渠道迂回曲折地得到。还有些年轻人，刚刚走出大学校园，血气方刚，总是对争名夺利不以为然，甚至觉得命运自有馈赠。殊不知，大自然中的竞争都是遵循"物竞天择、适者生存"的规律，在社会生活中亦是如此。

虽然人是情感动物，人类社会也要遵循情感的规律和原则，但是归根结底人类社会也是残酷的，尤其是在经济发展迅速的今天，人与人之间的竞争更加激烈。一味地被动等待无法帮助我们赢得机会、获得好运。唯有主动出击，占据先机，才能让我们有可能在竞争中赢得优势，争取到更好的结果。很多人对于竞争的理解有偏差，比如很多人谈竞争色变，总觉得竞争必然是黑暗的、不合理的。事实并非如此，虽然有的时候竞争的确是残酷的，但是合理公平有序的竞争能够帮助我们激发起内心的力量和无限的潜能，从而使我们赢得人生的更多机遇。

生活中还有些人很排斥竞争，他们总觉得自己只要兢兢业业，把该干的事情干好，在工作中任劳任怨，就一定会得到领导的认可和赏识。殊不知，领导就像伯乐，假如公司里有很多优秀的人才，他们很难真正发现你的存在。所以，我们必须抓住机会让自己走入领导的视野，这就需要我们积极参与竞争，与他人一争高下。我们必须认识到，竞争是现代社会发展的有力推动，参与竞争并非是不道德的事情，也不是斤斤计较的表现。我们不能无故强占别人的成果和成绩，但是我们要有力地维护属于自己的合理利益，这是任何人都无可指责的。

大学毕业后，林峰和李杜一起进入现在的公司工作，在大学里是同学和舍友的他们，在工作中也互相帮助，配合默契。不过，从性格上来看，林峰和李杜截然不同。林峰是个性格外向的人，非常积极热情。他对待工作特别主动，对于上司还没有交代的事情，只要想到了，他就会马上去做。和林峰相比，李杜虽然也踏实肯干，但是缺乏主动性。他能把上司安排的所有工作都做好，但是却比较被动，很少主动为自己争取机会。

前段时间，公司里有几个去国外考察的名额。对此，李杜不是不心动，但他却说："假如上司觉得我有资格，肯定会安排我的，不然我争取也没有用。"对此，林峰却不这么想。他几次三番借助汇报工作的机会和上司提起这件事情，并且列举了很多自己去国外考察的优势。其实，上司原本是准备从林峰和李杜之间选择一个人加入考察团队的，毕竟他们刚刚大学毕业，而且英语都是专业八级水平，还能当其他同事的翻译。但是当上司看到林峰对于此事这么积极热情，而李杜却无动于衷时，心中的天平自然偏向了林峰。自然林峰在去国外考察的过程中表现突出，给上司留下了深刻印象，成为上司眼前的红人，之后上司有了好机会总是第一个想到林峰。

生活中，有很多人获得成功，也有很多人总是与失败相伴。导致这种两极分化的原因很多，除了客观条件之外，能否积极投身于竞争并且为自己争取到更多的机会，是关键的因素之一。现代社会已经进入市场经济主导的时代，效率优先，任何时候我们都要凭着实力和成绩为自己代言。当我们以超强的实力在竞争中脱颖而出，老板才会更愿意以晋升或者奖励等方式激励我们。否则，老板凭什么对我们刮目相看呢？

需要注意的是，很多人觉得如果自己过于喜欢争来争去，也许会给老板留下不好的印象。殊不知，老板并不会排斥爱竞争的人，尤其更是大力鼓励正当的竞争。在心理学上，有个著名的"鲶鱼效应"，意思是说在运输沙丁鱼的过程中，很多沙丁鱼都会因为缺氧而死。但是假如在沙丁鱼中加入一只喜欢吃沙丁鱼的鲶鱼，那么沙丁鱼就会一直保持游动的状态，给自己争取生存的机会。在这样的危机之中，沙丁鱼的存活率反而大大提高。现代职场，很多管理者也喜欢运用鲶鱼效应管理团队,因此如果你是爱竞争的"沙丁鱼",你就一定会得到老板的器重和赏识。

默默努力,让别人对你刮目相看

人都是很爱面子的,也很希望自己能够让他人高看一眼。然而,别人并不会平白无故地就高看我们,这导致很多人都抱怨自己运气不好,无法得到他人的认可和赏识。其实,在这个世界上除了父母是无条件地爱我们的之外,我们完全没有理由要求别人也这样对待我们。此外,机会对于每个人也是平等的,付出才有收获,不管何时,我们都要自己用心经营,这样才能得到最好的结果。

很多时候,我们只是羡慕很多成功者表面上的光鲜,却没有想到他们在成功之前到底付出了什么。他们之中大多数都并非一帆风顺,而是比普通人承受了更多的挫折磨难。他们之所以得到机会的青睐,得到命运的眷顾,得到贵人的扶持,只是因为他们在失败面前从未放弃,不断地努力,才得以最终为自己争气,赢得了他人的认可和赞许。

很小的时候,我们就进入幼儿园开始自己人生的学习之旅。我们在不断学习的过程中成长、进步,当我们真正长大成人后,就不会再有父母的督促和老师的教诲,我们就必须依靠自己的力量鞭策自己继续努力。所以，真正能够对我们负责的只有我们自己。我们要想受人尊重、被人高看，就必须不断努力。

大学毕业后，倩倩进入现在的这家公司工作，成为销售部的一位销售员。原本，倩倩的性格就是非常安静的，她只是一心一意做好自己的业务，也相信自己一定能够凭借能力证明自己。然而，半年过去了，倩倩的业绩始终没有太大起色。

后来，公司内部调整，销售部门要精简一部分人员，部门内部因此人心惶惶。倩倩平时业绩很普通，也不懂得和老板及部门负责人拉关系套近乎，因而部门内有人猜测倩倩可能也在此次被裁员之列。然而，倩倩并未被这些风言风语所影响，她还是和往常一样，每天按部就班地工作。

有一天，公司里来了一个大客户，老板已经和这个客户联系很久才争取到客户来公司考察的机会。然而，这个客户是韩国人，中文说得不是很流利，而他的翻译这天正好有事，无法一同前来。这让老板有些措手不及，毕竟临时去找韩国翻译也是来不及的。看到老板艰难地和客户比画着进行交流，倩倩主动上前用流利的韩语和客户打招呼，随后认真细致且充满热情地向客户介绍公司的情况以及产品的优势。这时，老板才如释重负地擦了擦头上的汗水，如同看着救命恩人一样看着倩倩。倩倩的彬彬有礼和周详讲解给客户留下了很好的印象，后来另选日子正式签约时，客户还点名希望以后由倩倩负责和他联络。就这样，一个月后，倩倩安然无恙地度过裁员期，而且因为精通韩语，成为了大客户负责人，负责与那个客户的所有业务往来。

如果不是因为通晓韩语，业绩表现平平的倩倩也许就会被老板辞退了。幸好，她曾潜心自学韩语，现在这已成为她的一技之长，所以她才能抓住韩国客户来到公司的机会，表现自己。在以效率为上的现代职场，吃大锅饭的日子已经一去不返了。任何情况下，我们要想赢得他人的尊重和认可，就必须证明自己的实力，而要拥有实力，就要先付出努力。

现代社会，知识更新的速度非常快，我们要想始终在工作中保持优势，就千万不能只依赖大学里所学的有限知识，而要在工作过程中保持终身学习的好习惯，从而帮助自己不断进步。所谓扬长避短，一个人要想突出自己，获得成功，就必须明确并发扬自己的长板。唯有如此，我们才能最大限度发挥自身的优势，从而让自己获得人生的主动权。

做人，要学会适时地强硬

人们在吃柿子的时候，总是要拣着捏起来比较软的柿子吃。生活中，也有人喜欢捏"软柿子"，所以不管做人做事，我们必须适度强硬，才能维护自己的形象、尊严甚至是维护自己的合法权利与利益。现代社会，之所以有些人总是喜欢欺软怕硬，就是因为老实人太多。有些老实人觉得只要自己不去招惹别人，就能踏踏实实过好自己的日子。其实不然。很多时候，即便我们收敛自己，不冒犯他人，我们也会被他人冒犯，甚至是欺负。因此，我们必须变得强硬才能避免被居心叵测的人欺负。

刘峰进入公司3年了，工作上一直兢兢业业，业绩也算不错。他所在的是销售公司，因而以业绩论英雄。不过，公司还是倡导公平有序的竞争原则。

前段时间，刘峰联系了很长时间的一个客户已经有了签约的意向，不过因为有些小细节还没有谈好，所以还没有完成签约操作。不想，有一天刘峰休息，客户却去了公司，被另一个销售员玛丽接待了。玛丽在公司里业绩排名也始终靠前，她为人很强势，仗着业绩好有资本，做人做事也不太规矩。趁着刘峰不在，她趁热打铁，直接和那位客户签约了。当然，客户并不知道销售行业的规则，完全是在玛丽的误导下才以为不管找刘峰还是找玛丽是没有区别的，也才会与玛丽签约。刘峰得知此事后当然非常生气，但是他无法让客户毁约，否则就会损害公司形象。他唯一能做的就是质问玛丽。对此，玛丽不以为然，说："既然你没有维护好自己的客户，没有让客户必须找你不可，你也就怨不得其他人。"幸好，公司为了营造良好的竞争氛围，规定任何销售员不得以任何形式抢夺其他销售员的资源。后来，刘峰和客户取证，证实了客户去公司的确提出要找刘峰，但是玛丽以刘峰不在为由，在没有通知刘峰的情况下自己接待客户，所以导致客户最终与玛丽签约。

得到证据后，刘峰毫不迟疑把玛丽告到总部，指责玛丽恶意竞争。刚开始时，玛丽以为刘峰没有证据，因而很张狂。后来，刘峰拿出和客户沟通的录音。在录音里，客户详细描述了当天的情况。为此，玛丽才不得不认错。玛丽虽然最终被公司宽大处理，但是她见识到刘峰的强硬态度后，收敛了很多。曾经对大部分同事都不放在眼里的她再也不觉得自己高高在上，不可一世了。

从根本上来说，每个人都应该保持善良，才能立足于社会。但是这个世界上除了善良的人之外，真的还有很多人是不善良的。他们好勇斗狠，喜欢挑起事端。在这种情况下，我们哪怕平时很善良宽容，也必须调整姿态，以坚决强硬的态度来捍卫自己的尊严和利益。否则，他们在欺负我们惯了之后，一定会变本加厉。

所谓的强硬，不但是指毫不妥协的态度，我们也可以配合以严肃认真的气质神情，配合以义正词严的说理论证来向别人表明我们的不容侵犯。其实，很多恃强凌弱者，并非是真正的强者。当我们真正强硬起来，拒绝被他们欺负时，他们也就会偃旗息鼓，甚至还会对我们有所顾忌。人生在世，我们虽然要宽容忍让，但是却不能一味退缩，让自己显得软弱可欺。我们唯有不卑不亢、坚定勇敢，才能走好人生之路，拥有精彩人生。

抹不开面子，就会失去"里子"

现实生活中，每个人都避免不了和他人打交道，然而，面对那些咄咄逼人的人，有相当一部分朋友因为性格和善，总是被有意或无意地"欺负"。一次两次，三次四次……也许次数少还可以忍受，但是次数多了，人生未免觉得压抑，自己心中也会觉得不平衡。在这种情况下，你如果继续抹不开面子，不断吃"哑巴亏"，就会导致自己郁郁寡欢、闷闷不乐。为了别人让自己不快乐，值得吗？当然不值得。我们就算是付出，也要在值得的地方付出，不能一方面为了不值得的人付出，另一方面自己又不快乐，这可是双倍的损失啊！

从另一个角度而言，强势的人遇到好欺负的人，会变本加厉，更加强势。这样一来必然形成恶性循环，导致后者被迫不断降低自己的底线，越来越抓不住本应属于自己的机会与利益。所以从这个意义上说，性格温和、害怕冲突的人，更是要抹得开面子。

也许有些朋友会说，自己并非因为抹不开面子才屈己待人，这样做其实是出于一种对他人的礼让。的确，适度的礼让是值得提倡的，但是过度的礼让则会让我们被他人钻了空子。而且，所谓礼让是要符合礼节的，并非一味地怯懦退缩。正如一句民间俗语所说的，"害人之心不可有，防人之心不可无"。我们虽然不可欺负他人，但是也要学会保护自己不被欺负或者占便宜。有的时候，社会也存在一些不公平的现象。偶尔我们会看到某些违反规则、偷奸耍滑的人得到了丰厚的回报，而踏踏实实做人做事的人却一无所得。因此我们不能仅仅当好自己的老实人，也要会和那些心思多、城府深的人打交道，这样才能吃得开。

尤其是在现代职场，很多职场新人，甚至也包括职场老人，在遇到机会的时候，因为不够自信或者过度谦虚，不好意思直接与他人争夺。这样的一让再让，最终的结果必然是失去机会，导致自己的人生难以积累任何成就。不得不说，这样的责任并不在于他人，而在于我们自己。我们假如能够脸皮厚一点、抹得开面子一点，也许就不会与机会失之交臂了。

大学毕业后，艾米进入现在的公司工作，到现在已经三年了。三年的时间里,艾米每天都兢兢业业地工作,绝不敢有丝毫懈怠。她所负责的每一项工作,全都做得非常圆满,她也得到领导和同事的认可。

前段时间,公司正好进行内部结构调整,空余出一个办公室主任的位置。领导向老板推荐艾米,老板也的确认真考虑了这一提议,因此特意与艾米谈话,征求艾米的意见。艾米当时觉得受宠若惊,但想到办公室里有很多同事资历都比她老,不由得有些胆怯,向老板推辞道:"老板,我觉得我还缺乏经验,也没有做好准备成为一名管理者。办公室里基本都是我的老前辈,我可不敢管理他们。不如您让马大姐当办公室主任吧,等过几年马大姐退休了,我也经验丰富了,那时候我再接她的班。"老板听到艾米的推辞,当即就对艾米有些失望。现代职场,每个人都绞尽脑汁地想要得到机会,艾米却推辞机会,大概是没有什么事业心吧!因此,老板没有多说什么,而是把办公室主任的职务给了老刘。

老刘才40多岁,距离退休还早着呢!看到老刘成为办公室主任,艾米后悔不已。虽然老刘后来因为身体原因提前离职,但是办公室里新来的人在几年的时间里迅速成熟,而且干劲十足,因此老刘离开时老板并没有再考虑艾米,而是让比艾米晚来的一位同事承担起办公室主任的工作。艾米渐渐感到无望,最终不得不放弃这份已经干了小十年的工作,换了一家公司从头开始。

艾米的故事告诉我们，在机会到来的时候，我们千万不要因为不好意思或者抹不开面子而拒绝它。人人都想等到万事俱备的最佳时机让自己隆重亮相，但是择日不如撞日，谁知道哪一天才是最好的一天呢？我们既然无从得知，不如随遇而安，顺势而为。这样我们才能果断出手，从而抓住千载难逢的好机会，改变自己的人生。

这个世界瞬息万变，很多时候，机会并不会留在原地等我们，而且事情也会不断发展，从而变得面目全非。在这种情况下，我们与其被动等待，不如主动出击。这样我们才能在事情不尽如人意的情况下，让自己更加坚强，也不至于因为担心小小的尴尬和难堪就觉得不好意思或者抹不开面子。我们必须记住，面子是我们自己给自己的，只要我们内心坚强、意志如钢，就没有任何人能够夺去我们的面子，也没有任何人能够阻挠我们主宰自己的人生。

做事畏手畏脚，才会受人欺负

一直以来，我们受到的教育都是要谦虚礼让。然而随着时代的发展，社会进入竞争激烈的阶段，一味地谦虚礼让已经不适合现代社会的情况了。我们要想为自己争得一席之地、站稳脚跟，就要主动出击，表现得强势一些，这样我们才能强大起来，在社会上立足。

人本主义心理学家马斯洛认为，一个心理健康的人必须拥有自主性和独立性。而假如一个人始终唯唯诺诺，受到他人的支配和指挥，那么他就称不上是一个独立自主的人，他的心理状况也是不太健康的。现代社会，很多人都从"草根"出身，凭借自身的努力，实现了自己与众不同的成功人生。

但是也有相当一部分人，始终没能学会自己为自己做主，总是忌惮别人的脸色，因而做事畏手畏脚。他们遇到事情缺乏主见，任何事情都要依靠他人，在家里是父母的乖宝宝，即使长大成人了也依然如同没有断奶的孩子一样，处处需要向父母讨教。在婚姻生活中，这种性格的男人无法肩负起家庭的重任，反而需要依赖妻子。在工作中，他们更是上司的傀儡，对待工作完全没有主动性，只能在上司的安排下死板地完成工作任务。一个人在小的时候依赖父母是正常的，但是如果长大成人之后还依赖父母，那就是精神上还没有断奶，没有真正成熟。

这不仅会影响他们的生活，也会严重影响他们的工作。

在职场和社会交往中，这样的人如果有些特长和优点，具有利用价值还好，至少有人还会利用他们；但是如果他们没有任何特长和可取之处，那么就会被人唾弃甚至是抛弃。这样的人如何在社会上立足呢！而在家庭中，要知道，父母是不可能跟随我们一辈子的，随着我们渐渐长大，父母越来越老，他们最终需要依靠我们为他们支撑起天空。至于爱人，现代社会生存压力大，作为平等的夫妻双方，更应该做的是相互依存和扶持，一起进步。谁愿意拖着一个沉重的负累过一辈子呢？柴米油盐酱醋茶中的彼此搀扶才是加深夫妻感情的最好渠道和方式。

还有些朋友之所以畏手畏脚，是因为非常害羞。然而现实是残酷的。一次两次的退缩也许会被视作忍让；但是接二连三的退缩必然会使人意识到这个人的本质就是软弱可欺的。如此一来，可能就会有人骑在他的头上作威作福，把便宜都占尽。所以，朋友们，即便你真的软弱，你也要努力改变自己的性格，或者在最短的时间里把自己变成一只"纸老虎"，这样才能争取更多的时间让自己切实改变。

大学期间，小斌学的是广告设计专业。大学毕业后，他进入一家广告公司工作，成为一名设计师。他很有才华，在读大学期间就经常兼职帮一些小的广告公司做设计。因此，他并不需要太长的时间适应工作，很快就成为熟练工，对工作内容游刃有余了。然而，公司里的工作和大学期间的兼职是不同的。大学期间兼职，他只需要埋头苦干，按时交活就行。如今，他不但要面对繁杂的工作，而且还要处理人际关系，这使他感到心力交瘁。尤其是他很内向，不太愿意与人交流，也不喜欢参加各种应酬活动，这使他在整个公司显得不合群，他也感到非常孤独。

后来，小斌承担了一项重要的设计工作。在完工之后，他把设计稿交给主管看，没想到主管迟迟不给他答复。再后来，小斌才知道主管早就把他呕心沥血做好的这个完美设计以主管自己的名义上报老板了。对此，小斌虽然很愤怒，却不知道如何处理，最终只能吃了个哑巴亏。小斌给主管发了邮件，以为只要警告一下他，他就会有所收敛。让小斌万万没想到的是，那个无才无德的主管，居然不但对邮件置之不理，还一发不可收拾，每隔一两个月就会剽窃甚至直接占有小斌的工作成果。忍耐了几次之后，小斌意识到问题的严重性。然而，他不想才来公司一年多就跳槽。为此，他决定向老板挑明此事。

小斌把自己一直以来的项目草稿都通过邮件发给了老板，同时详细说明了事情的原委。在主管又一次剽窃小斌的设计后，老板让小斌和主管分别当众谈一谈对设计稿的构思过程。主管说得磕磕巴巴，小斌却说得眉飞色舞、激情洋溢。最终，主管被撤职，小斌也终于得到了老板的认可和赏识。从此之后，公司里再也没有发生过上级剽窃下属设计的恶劣事件。

假如小斌一直心有顾忌，不向老板检举此事，相信这个

211

主管会继续肆无忌惮地占有小斌的设计成果。幸好小斌在忍耐很久之后，终于决定站出来维护自己的合法权益。现代职场，竞争非常激烈，为了利益，很多人会绞尽脑汁，不择手段。因而为了维护我们自身的利益，我们不能忍气吞声。否则，我们就相当于助长了他人的嚣张气焰，导致自己更是被压得死死的。

　　朋友们，不管干什么事情，我们都要怀着勇气，下定决心，毫不迟疑地抓住机会去干。否则，如果畏手畏脚，那么我们不但会遭到他人欺负，也会错过千载难逢的好机会，从而导致我们的人生变得窝囊，无法扬眉吐气。当然，要想做到这一点，我们还要改变自身的性格。虽然说江山易改，本性难移，但是在现代社会，我们必须顺应形势，适当改变自己。否则，我们凭什么顶天立地地站着呢！

参考文献

[1]冠诚.改改吧，直性子[M].北京:中国华侨出版社，2021.

[2]刘斌.别让直性子害了你[M].北京:研究出版社，2017.

[3]墨非.改了吧，直性子[M].北京:中国华侨出版社，2019.

[4]潘鸿生.别让直性子害了你[M].北京:北京工业大学出版社，2017.

[5]郑和生.别让直性子误了你[M].长春:吉林出版集团股份有限公司，2018.